37 個引爆玩心、開發 **STEAM** 魂的科學手作

科學玩具
總 動 員

暢銷親子科學作家
許兆芳（毛毛蟲老師）　✕　人氣親子手作粉專版主
潘憶玲（滾媽）　　　　跨界合著

漢寶德教授曾說：「對美的敏感反應是文明的基石。」拿到這本書稿時，我心裡馬上閃過這句話。如果一個國家的人們已經開始在意眼前所看到的事物是否賞心悅目，絕對是進步的表徵；如果我們的科學手作都試著突破材料的限制讓自己這麼美，國家一定強大。太開心兩位朋友的合作初體驗，等不及要看到大家拿到此書的反應，想必也是美不勝收❤

——許琳翊（星期天老師）│三沃創意有限公司暨小創客平台（barter.tw）創辦人

保有孩子純真最好的方式，就是透過遊戲。仔細觀察生活中的每個小細節，都可以成就一個新的創造。學習就是在每個創造中發現，在每個遊戲中學習。孩子可以透過遊戲的方式去尋找、去探索，找到自己真正的興趣，並激發學習的動機。不論是物理還是化學、地球科學、藝術美學，都可以透過玩來尋找學習的意義，更重要的是，孩子是快樂的。

——超級奶爸WCC│《從遊戲中學編碼》作者

科學學習雖有一定的難度，但這不該是阻礙孩子接觸或探索科學的藉口！學養背景不同的兩位作者，共同攜手，跨界合作，將科學元素融入在美勞、藝術活動裡，讓家長與幼童可在家中一起動手，用簡單的方式做出有趣吸睛且寓教於樂的科學玩具，讓「科學生活化」與「多元探索」的理念落實於日常之中。本書活動設計循序漸進，撰寫內容深入淺出，兼具「趣味」與「內涵」，是親子同享科學樂的絕佳好書。

——潘愷│國立臺北護理健康大學嬰幼兒保育系副教授

手作、藝術與科學的完美結合就在《科學玩具總動員》，37個精心設計，色彩繽紛，充滿童趣的科學手作，讓孩子在STEAM理念的啟發下，豐富了知識，也滿足了每一個美麗多采多姿而好動的創意靈魂。

　　　　　　──盧俊良｜FB粉專「阿魯米玩科學」版主、宜蘭縣岳明國小老師

大部分的同學們對物理、化學或是其他科學相關科目沒有興趣的原因，主要是來自繁瑣的公式背誦，以及解不完的考試題目。而透過科學動手做的方式，一直是科學學習最扎實，最有效的方法。透過本書中所介紹的實驗，除了可以讓孩子一步步經由親手操作、親眼觀察的實驗過程，了解各種不同的科學原理，同時也能培養孩子們對科學的興趣，從學習中得到成就感。

　　　　　　──蕭俊傑｜科學X博士、《孩子的科學遊戲》與《人生實驗室》作者

我喜歡帶著孩子體驗各種有趣的手作活動，但從沒想過藝術和科學的結合原來可以這麼簡單有趣，對於不擅科學的我來說，能做出好玩的教具就很了不起了，更遑論要去解釋它設計背後的原理是什麼呢～翻開《科學玩具總動員》後赫然發現「啊～原來我們平常玩的藝術遊戲都含括了科學原理！」、「原來這種玩具的設計概念是這種科學小技巧啊！沒想到這麼簡單！」滾媽和兆芳老師透過簡單的文字和有趣的親子手作，將科學變得有趣好玩，不僅能陪伴孩子一起DIY，同時還能認識遊戲背後的科學理念，引導孩子學習思考各種可能性，真的非常棒呢！

　　　　　　──蘇若瑤（Zoey）｜FB粉專「雙Q玩玩樂」版主・親子部落客

從跨界合作走入 STEAM 精神

—— 許兆芳

多年前透過社群平台的交流認識滾媽，發現她的手作玩具都非常好玩而且吸睛，尤其很多題材還蘊含科學概念更引起我注意，於是我就成為「滾妹‧這一家」專頁的忠實粉絲。就這樣我們開始透過社群彼此激盪與交流，每每看到滾媽把原本以教學導向樸實無華的科學手作，透過她的創意巧手變得更加亮眼好玩，我深感佩服，一起合作出版的念頭就此萌發。

去年正值第四本書的企畫階段，很榮幸滾媽熱情答應一起加入寫作，期待透過科學老師與手作達人的跨界合作，激盪出更多火花。滾媽與我有著共同的理念，希望從生活取材變化，透過創意豐富科學玩具的互動性，更期待能夠增添親子互動的樂趣。

跨界合作是未來的趨勢，而STEAM精神亦是當前教育的走向，跨領域、解決問題的能力備受重視，透過好玩的事物引發孩子興趣，從模仿展開探索的歷程，能夠豐富孩子的學習經驗，而本書正好實踐了這樣的精神。我先挑選了近期較有新意的科學遊戲，再與滾媽討論可行的變化方式，滾媽還進一步發揮巧思，使用更簡易的製作方式，這些歷程都為緊湊的寫作進度帶來不少樂趣。身為本書的作者之一，我想我倆可說是STEAM精神的實踐者，希望拋磚引玉，當讀者開始思索與嘗試解決實作時發生的問題，本書更重要的價值亦開始浮現，同時帶給大家更多的科學手作樂趣與啟發。

最後，要感謝滾媽願意一起參與本書，賦予手作科學玩具更多元的樣貌；還有本書的催生者珮芳在凝聚寫作共識的過程給予建議與協助，促成本書的出版。也謝謝所有認同本書理念的推薦朋友，讓我們所傳遞的價值被更多人看見。

玩科學真的可以很簡單！

—— 潘憶玲

自從大女兒呱呱墜地後，便開始全職媽媽的生活，除了照顧孩子、滿足孩子生理需求外，最常做的就是找樂子陪她們「玩」，但是玩什麼？怎麼玩？沒有想法靈感的時候，上網搜尋總是最快、最方便的方法。就在一次搜尋的過程中，看到兆芳老師的「企鵝杯杯」，一個剪去底部並夾著蝴蝶夾的紙杯，從有點傾斜的板子上搖搖晃晃、一步一步的往前走，那模樣就像是隻行走中的企鵝，可愛極了。於是參考了它的原理，用美術紙做了老鼠造型的自走玩具，將作法上傳粉絲頁後，沒想到原作本尊——兆芳老師居然來留言，實在太開心也太意外了！

此後，我們又加入同一個玩具手作分享社團，更能常常看到對方分享的作品，每每看到兆芳老師分享的科學玩具新玩法都覺得相當有趣且新奇，總讓我有新的想法而躍躍欲試，每當遇到撞牆期不得其解的時候，往往得請教原作。就這樣一來一往間，也成了社群平台上互相交流的好友。

感謝兆芳的邀約，很開心也很榮幸能一起完成這本書。希望能藉由這本書傳達我們共同的理念，玩科學並沒有想像中那麼複雜，只要利用生活周遭隨手可得的素材，加上一些創意與巧思，就能創作出好玩有趣又兼具美感的科學玩具。更期待家長們能一起加入創作的行列，陪伴孩子「動手做，玩科學」，從實作中發現問題、共同討論方法，進而解決問題，完成作品，而這中間的過程就是本書核心價值所在，除了希望增添親子相處的美好時光外，也能享受「動手做，玩科學」的樂趣。

最後還要感謝編輯珮芳在寫作的過程中給予許多的協助與建議，有她愛的叮嚀，這本書才得以如期完成。更感謝所有推薦的朋友，謝謝你們的認同與推薦，讓《科學玩具總動員》可以被更多人看見。

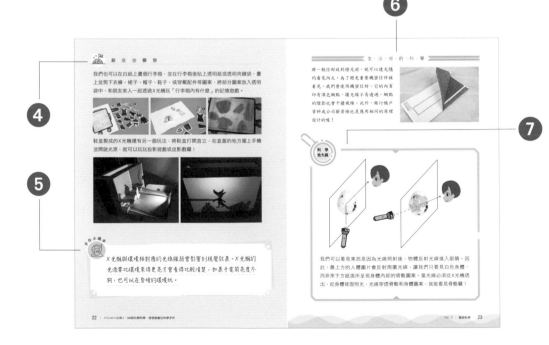

① 活動難易度：

♠ 依照步驟提示即可輕易成功。

♠♠ 反覆嘗試，掌握技巧後即可成功。

♠♠♠ 所有實作條件都需精準控制才能成功。

② 材料&工具：

事先備妥就能迅速開始製作。

③ 動手試一試：

圖文並茂，有助掌握製作要領。

④ 創意變變變：

提供延伸玩法或創意改造。

⑤ 手作小撇步：

分享實作技巧與材料選擇提示。

⑥ 生活裡的科學：

單元知識連結生活應用，培養孩子的生活知能。

⑦ 科學放大鏡：

扼要說明相關原理，提供延伸學習的參考資訊。

目 錄

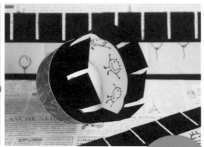

PART 1
藝術科學

PART 2
動起來的科學玩具

PART

1

藝術科學

用手電筒一照，被隱藏的物件就會一一現形的 X 光機；運用視覺暫留原理的黑白格柵動畫；組合玻璃紙與紙捲就能立即哼奏音樂的卡祖笛⋯⋯這些結合工藝、色彩與音效效果的手作，真是好玩又療癒！

01 勾勾毛線畫

材料 & 工具

- 魔鬼氈（長10公分×寬15公分） 4張
- 牛皮厚紙板（長50公分×寬30公分）
- 紙吸管 1支
- 毛根 1條
- 細鬆緊帶
- 鉛筆、尺
- 壓線筆或刀片
- 毛線 約50公分
- 彩色筆管 1支
- 各色不織布
- 剪刀、膠帶

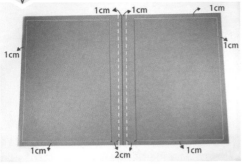

1 將牛皮厚紙板橫放，距離中線兩旁1公分畫上虛線。離虛線兩側2公分畫上實線，四周邊線各留1公分的距離。

2 用壓線筆或刀背將虛線的部分用力壓一壓或劃一劃。

3 沿著虛線將兩側紙板往中間摺，做成像資料夾的樣子。

4 將4張魔鬼氈的勾面沿著實線貼在牛皮厚紙板內側其中一面。

5 剪一段4公分的紙吸管，並在兩端套上直徑約1.5公分的圓形紙板。再將1/2條毛根穿過吸管，以膠帶將毛根兩端黏貼固定在彩色筆筆管上。毛線穿過筆管尖端後，往上拉以膠帶固定在紙吸管上，把毛線捲在紙吸管上即可。

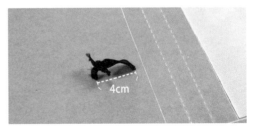

6 在內側紙板的的另一面下方以鉛筆鑽2個相距4公分的小洞，穿進細鬆緊帶並綁好固定，當作毛線筆插放處。

將各色的不織布剪成長度不同的長條、大小不同的幾何圖形，或是不規則的圖形來搭配毛線筆。你還能創作出哪些更有趣的圖案呢？

 手作小撇步

1. 各種形狀的不織布可用夾鏈袋收集，再以魔鬼氈黏貼在牛皮厚紙板上方便拿取。

2. 可以利用鬆緊帶將勾勾板套住固定，這樣紙板就不會散開，更方便攜帶或收放。

3. 市面上販售的魔鬼氈尺寸有寬度達10公分的規格，有的甚至還有背膠。如果要製作大型面板進行遊戲，也可以從網路選購。

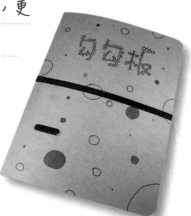

魔鬼氈的發明人是瑞士人 George de Mestral。有次他帶著小狗到附近的山區散步，回家後發現衣褲與小狗毛皮都沾滿芒刺狀的植物種子。他好奇用顯微鏡觀察附在衣服上的芒刺，發現這些芒刺有非常多的小鉤，緊密的勾在衣服的纖維上，如果拔掉芒刺再壓回衣服上，又會貼附在一起，這個觀察使他設計出魔鬼氈，並獲得專利。戶外常見的大花咸豐草，果實成熟後像顆黑刺球，果實前端具有兩根叉子

狀的構造，上面還有許多倒刺，走路經過很容易就會勾在衣服上喔！

科　學
放大鏡

你有發現魔鬼氈一面摸起來毛絨絨，另一面是硬硬刺刺的嗎？用放大鏡來看，可以發現毛絨絨的那面，是由捲曲環繞的尼龍細絲所構成，稱為毛面。硬硬刺刺的那面，則是由許多具有彈性的小鉤子排列而成，稱為勾面。當兩面貼在一起時，鉤子會鉤住毛面的尼龍細絲而貼合在一起。

鉤面
又稱公面、
刺面、A面

毛面
又稱母面、
絨面、B面

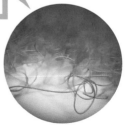

02 結晶蛋

難易度指數
♠♠♠

材料
&
工具

- 明礬
- 食用色素
- 筷子
- 白膠
- 蛋殼
- 玻璃容器
- 水彩筆

1 撕掉蛋殼裡面的膜。

2 在蛋殼內部塗上些許白膠。

3 撒上明礬，讓明礬黏附在蛋殼內。

4 將玻璃杯中的水隔水加熱至80~100度，再慢慢加入明礬並攪拌，直到加入的明礬無法再溶解，變成過飽和溶液（300公克的水約需180公克的明礬，才能變成過飽和溶液）。

5 將煮過的溶液倒入玻璃杯中，點幾滴食用色素調色。

6 將蛋殼輕輕放入玻璃杯中，並用筷子輕壓讓蛋殼沉入溶液中。用紙蓋住杯口，避免過程中有雜質掉入杯中影響結晶。

7 靜置冷卻後約
1小時，蛋殼
上會慢慢出現明礬
的結晶，靜置一天
後則會出現圖中的
效果。

創 意 變 變 變

除了明礬之外，糖也是生活中容易取得並能長出
結晶的材料，只要泡出過飽和溶液，都有機會長
出漂亮結晶。此外，也可以用棉線或毛根，讓結
晶長在上頭，玩出不同的變化。

你可以在藥局買到明礬。水越純淨，成功率越高，可以使用純水或過濾水來進行實驗。蒸發越慢，晶體也會越美麗。

生·活·裡·的·科·學

晶體在日常生活中無所不在，例如人體內如果尿酸鈉過高而無法代謝，就會解析成結晶，造成痛風。自然界中的礦物也屬於結晶，而漂亮的晶體常被當作珠寶飾品。晶體也與開發藥物拯救生命有關，甚至探索太空，可別只把它當作肉眼可見的漂亮結晶喔！

科 學
放大鏡

　　溫度升高，可以提高物質的溶解度，但超過一定量後，即使持續攪拌，還是會有物質沉澱無法溶解，成為「飽和溶液」。當飽和溶液的溫度降低，溶解度跟著下降後，過剩的溶質並未結晶析出，此時稱為「過飽和溶液」。這樣的溶液處在不穩定的狀態，只要加入少許晶體當作晶種，就能讓過量的溶質結晶析出。

這個手作是將明礬配製成「飽和溶液」，冷卻後成為「過飽和溶液」，然後利用沾在蛋殼上的明礬作為晶種，使結晶析出成為結晶蛋。

 **03 夜光星球**

難易度指數 ♠

材料 & 工具

- A4黑色美術紙　1張
- 廚房餐巾紙
- 白色筆
- 剪刀
- 各色長效夜光粉
- 水彩和水彩筆
- 白膠

1 將廚房餐巾紙剪成數張大小不同的圓。

2 以水彩筆沾上水彩為圓形餐巾紙上色,並黏貼在黑色美術紙上,再以白色筆畫上軌道或更小的星球。

3 先在上色的圓上塗上薄薄一層白膠,接著以手指沾些許夜光粉輕輕點在白膠上。也可以使用竹籤或竹筷沾夜光粉,在黑色美術紙空白處做點綴。

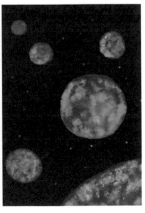

4 夜光星球,完成!

1. 你也可以利用夜光色紙來剪貼創作，變成小小的夜光畫框來裝飾房間，讓夜晚的房間變得很不一樣。

2. 你還可以延伸應用變成夜光牆遊戲，將迷你公仔放在夜光畫上再進行照光，圖畫中被公仔遮擋的部分就不會照到光線。當光源與公仔移開後，沒照到光線的地方形成了黑色區域，好像留影牆般有趣。

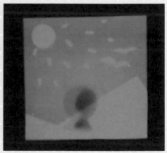

手作小撇步

利用驗鈔筆的紫外燈來觀察，圖形雖然會顯得更耀眼，但長時間使用紫外燈可能會對眼睛造成傷害，盡量還是使用一般光源較為安全。

生活中有許多夜光或螢光的應用，例如警示標誌、手表指針、貼紙等等，經過燈光或驗鈔燈（紫外燈）照射，圖形就會特別顯眼。最容易觀察的就是鈔票上的螢光防偽標記，紫外燈一照就可以看見許多原本隱藏的細絲喔！

科 學 放大鏡

我們常把燈光熄滅後夜光物質的發光現象稱為「夜光」或「螢光」，但兩者其實並不相同。物質受一般光源或紫外燈照射後會進入激發態，當物質再回到低能量狀態時，會把多餘的能量以光的形式釋放出來，此時夜光物質在黑暗中仍會持續發光一段時間，但螢光物質雖然在照射紫外光時會特別顯眼，不過只要光源消失就看不見螢光效果囉！

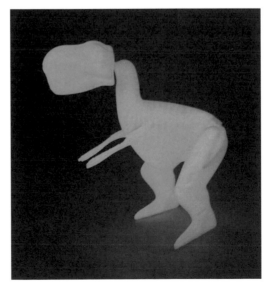

04 急急現形X光機

- 鞋盒（長30公分×寬21.5公分×高11.5公分）
- A4描圖紙
- 黑色美術紙
- 美工刀、尺
- 手電筒
- 白色油漆筆
- 色筆

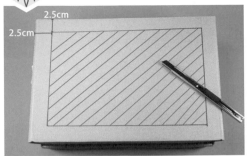

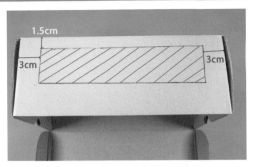

1 鞋盒底部四邊各留寬約2.5公分的邊界並畫線，裁掉中間的矩形。

2 鞋盒的側邊距離底部留寬約1.5公分，兩邊留3公分的寬度，畫出寬約5.5公分的長方形，並裁切掉。

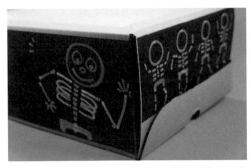

3 將A4描圖紙裁切成適當大小，黏貼在鞋盒底部內側。

4 用黑色美術紙與白色油漆筆裝飾美化外盒，X光機就完成！

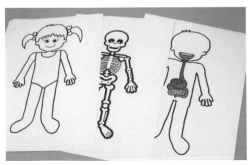

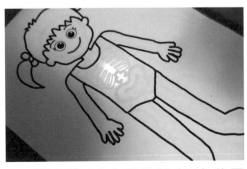

5 列印人體與骨骼的圖片。

6 將人體（上）與骨骼（下）的圖片擺放在X光機上，點亮手電筒放入盒中往上照，骨骼就會像照了X光一樣顯現出來了！

1. 我們也可以在白紙上畫個行李箱，並在行李箱後貼上透明紙或透明夾鏈袋，畫上並剪下衣褲、裙子、帽子、鞋子，或穿戴配件等圖案，將部分圖案放入透明袋中，和朋友家人一起透過Ｘ光機玩「行李箱內有什麼」的記憶遊戲。

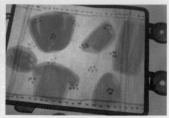

2. 鞋盒製成的Ｘ光機還有另一個玩法：將鞋盒打開立起來，在盒蓋的地方擺上手機並開啟光源，就可以玩投影遊戲或皮影戲囉！

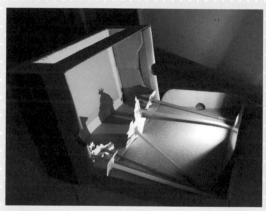

手作小撇步

Ｘ光機與環境相對應的光線強弱會影響到視覺效果。Ｘ光機的光源要比環境來得更亮才會看得比較清楚，如果手電筒亮度不夠，也可以在昏暗的環境玩。

將一般信封放到燈光前，就可以透光隱約看見內文。為了避免重要機密信件資訊外流，我們會使用機密信封，它的內頁印有深色網點，讓光線不易透過，網點的陰影也會干擾視線。此外，銀行帳戶資料或公司薪資條也是應用相同原理設計的喔！

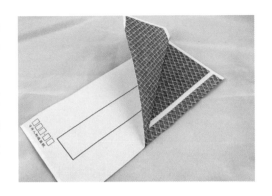

科　學
放大鏡

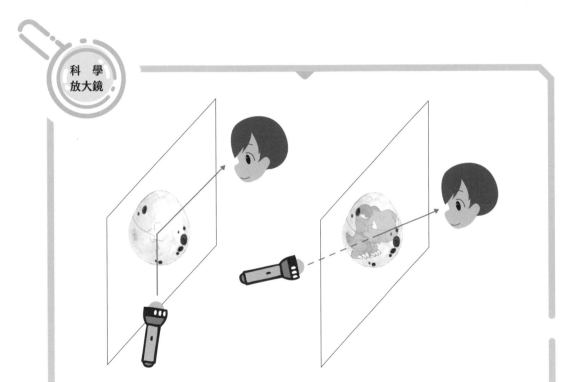

我們可以看見東西是因為光線照射後，物體反射光線進入眼睛，因此，最上方的圖（蛋）會反射周圍光線，讓我們只看見黃色蛋殼，而非下方紙張所呈現的恐龍圖案。當我們從恐龍圖案背面照光，光線穿透恐龍和蛋殼圖案，就能看見恐龍囉！

材料 & 工具

- 15公分×15公分紅色玻璃紙　1張
- A4白色美術紙　1/2張
- 彩色美術紙　1/4張
- 各色彩虹筆
- 剪刀、尺
- 白膠
- 圓規

1 將 1/2 張 A4 白色美術紙對摺，以綠、藍、紫色彩虹筆在封面上以點狀或虛線的方式畫上主要的圖案。

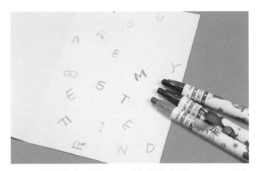

2 接著用紅、粉紅、橘和黃色的彩虹筆隨意畫上不規則的點或虛線。

3 再用綠、藍、紫色彩虹筆在周圍稍做點綴。步驟 2 與步驟 3 的主要目的是盡量讓步驟 1 的圖案變得不明顯。

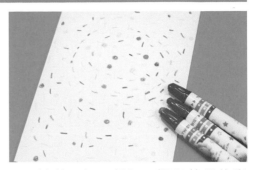

4 翻開內頁，一樣先以綠、藍、紫色彩虹筆寫上想表達的英文字母。

5 接著用紅、粉紅、橘和黃色的彩虹筆隨意寫上其他英文字母，讓人無法一眼看穿卡片裡究竟寫了什麼。

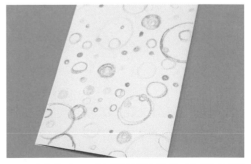

6 封底也可依照相同的作法畫上圖案。

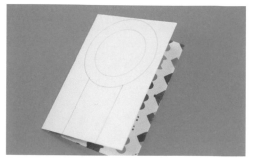

7 把1/4張的彩色美術紙對摺後，畫上放大鏡的圖案並剪下。

8 將紅色玻璃紙裁成4等分，然後一一黏貼在其中一個鏡架空白面的圓框上，再用剪刀剪掉多餘的玻璃紙。最後再與另一個鏡架（花紋面朝上）貼合。

9 剪一張長約6公分、寬約1.5公分的紙條，並將紙條兩端黏貼在卡片上作為濾鏡收納處，最後再用彩虹筆在周圍加以點綴裝飾。隱色秘密卡，完成！

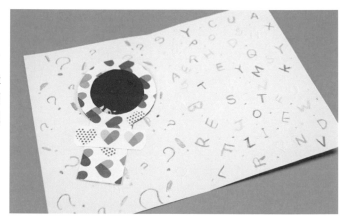

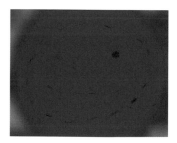

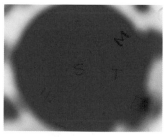

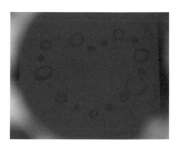

10 透過紅色濾鏡觀看卡片封面會出現笑臉，而且部分的點點和線條都不見了！

11 再看看卡片內頁，部分的英文字母也消失了，只剩下部分的字母！

12 而原本複雜的封底圖案，也變成一顆大愛心！

透過紅色玻璃紙看紅、橘、黃和粉紅色，上述顏色會看似消失，而綠、藍、紫和黑色等顏色則會變得更深，不會被隱藏起來。我們還能利用這個規則畫出更有趣的圖案喔！

你看！有著一頭蓬蓬髮，穿著俏麗短裙的小女孩，怎麼變成穿短褲的短髮男孩呢？原本穿得亮麗可愛的小丑，怎麼身體和帽子都不見了呢？想想看，還可以做出哪些好玩又有趣的圖案故事呢？

手作小撇步

你不一定要選用紅色玻璃紙，只是紅色玻璃紙可以遮蓋的顏色種類較多，創作的變化性相對較大。在選擇其他顏色的玻璃紙時，最好選深色，例如藍色玻璃只有淡藍跟藍色，藍色的效果就會好許多，甚至可以對摺增加厚度來使用。

此外，顏料的飽和度也會影響這個遊戲的效果，例如飽和度較低的粉色系，被遮色的效果較為明顯。不同的顏料也會有不同的特性，大家都可以試試看，做出更多好玩的變化。

立體電影所用的紅藍立體眼鏡就是運用這樣的概念。眼鏡上的紅色濾片會使紅色影像看似消失，而看到藍色物體，另一眼的藍色濾片會使藍色影像看似消失，而看到紅色物體，兩眼的畫面分別為左眼及右眼的視角，形成了立體影像。

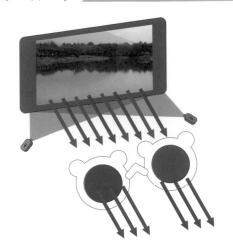

**科 學
放大鏡**

　　遊戲中使用的紅色玻璃紙就如同紅色濾光片，理論上來說，紅色濾光片只能讓紅光通過，而擋下其他顏色。

以白色畫紙為例，畫上紅色線條後，用紅色玻璃紙觀察，畫紙上白色的部分會因為只有紅光能通過而變成紅色，至於紅色線條本來就是紅光可以通過，透過玻璃紙看整張圖就紅通通，讓線條看起來像是消失了。如果改畫藍筆，用紅色玻璃紙觀察，藍色線條的藍色光線

藍色玻璃紙只會讓藍光透過

蘋果吸收紅光以外的色光　　紅光無法通過藍色玻璃紙

放出紅光

無法通過紅色玻璃紙而呈現黑色，圖案就顯現出來囉！

我們使用的玻璃紙或彩色筆都不會剛好符合理論值，所以會出現諸如下列的情況：紅色玻璃紙也可以讓紅、橘、黃和粉紅色消失，而會顯色的顏色也不會剛好變成黑色，而是顏色變得較深。所以大家在遊戲時不妨做個小實驗，記錄下不同的玻璃紙可以讓哪些顏色消失再進行創作，你會有更多意想不到的收穫喔！

06 動畫機

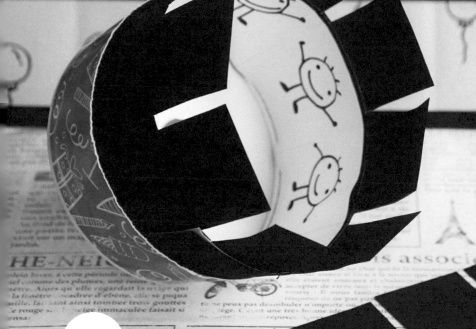

材料 & 工具

口徑14公分大紙碗　1個	紙板
黑色美術紙（長40公分 × 寬10公分）	
白色美術紙（長40公分 × 寬6公分）	
色筆	竹籤　1支	紙吸管　1支
橡皮筋　1條	剪刀、尺	白膠

1 剪去大紙碗上半部，只留下高約 6公分的底部。

2 在底部中心鑽洞後，插入塗有白膠的竹籤。

3 剪一小塊紙板並在中心鑽洞後，用白膠黏在紙碗內部的竹籤上。

4 將紙吸管套在竹籤上，尾端以橡皮筋纏繞綁緊，避免紙吸管脫落。

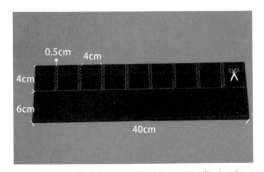

5 將黑色美術紙橫放，分成上方4公分、下方6公分兩部分。上方部分的標示以4公分為間隔、0.5公分為縫隙畫好標線，剪去斜線部分和最後一個的間隔。

6 在黑色美術紙下方貼上白色美術紙，並依間隔畫上分解動作的圖案。之後把美術紙捲成圓筒狀並黏貼固定。

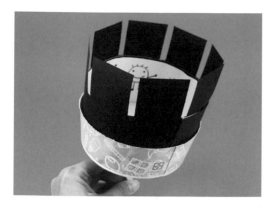

7 最後將紙筒套入紙碗中，一手拿著吸管，一手輕輕轉動竹籤，就能欣賞自己設計的動畫囉！

創 意 變 變 變

圖案設計、逐格對位等步驟，年紀較小的孩子做起來會比較困難，可以改用圓點貼紙來進行圖像創作。構思好動作之後，先把圓點黏貼在逐格相對位置上，再在圓點貼上畫上圖案，就能簡單輕鬆的完成創作囉！

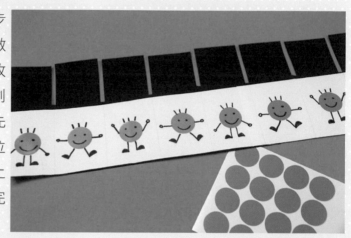

手作小撇步

一開始動畫圖案的分解動作先不要畫得太複雜，建議先從幾何圖形的上下跳動、變大變小來下手，之後再嘗試比較複雜的人物揮動雙手或擺動雙腳的動作；複雜的圖案可以利用描圖紙來描繪主要動作，可以增加繪圖效率與動畫細緻度。

我們平常看的動畫卡通，其中有些可能就有多達數十萬張的手稿，它們都是透過連續撥放達到動畫的效果。此外，也有書籍利用黑白格柵來製作動畫效果，左右拉動黑白格柵時，圖案就會動起來。（圖中畫面出自小光點所出版的《歡迎光臨視覺遊戲實驗室》）

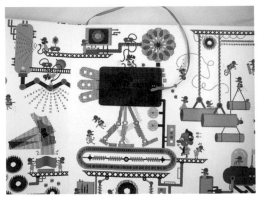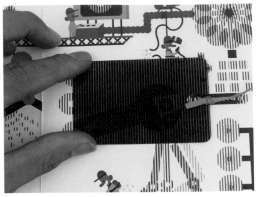

科學放大鏡

　　動畫是利用視覺暫留的原理，眼睛看到影像時，因為視神經反應速度的關係，影像約有1/16秒的殘留。更具體的說，當燈光亮起時，我們會經過1/16秒後才看到光線，而燈光熄滅，也是1/16秒後才會感受到。因此，當兩個影像變化的時間間隔小於1/16秒，看起來就會像是連續動作。手作中的圓盤隙縫能讓眼睛以固定的頻率看見盤內一張張的單格圖案，因為視覺暫留讓你覺得圖案動了起來。

07 黑白格柵動畫

難易度指數 ♠ ♠ ♠

材料 & 工具

- 黑色美術紙（高21公分×寬12.5公分）
- 描圖紙
- 黑色簽字筆
- 白色原子筆
- 鉛筆
- 美工刀、尺
- 雙面膠

① 將黑色美術紙對摺後，在其中一面畫上黑色格柵。邊界與格柵尺寸如圖示。

② 將寬0.25公分的白色斜線部分裁切掉。

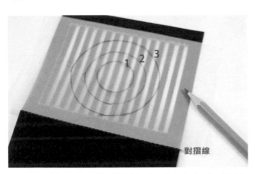

③ 因為黑色格柵的寬度是空白處的2倍，所以會呈現3個漸變的畫面（手作小撇步中有詳細說明）。以一個可放大縮小的圓來說，可以畫小、中、大3個同心圓。

④ 將描圖紙放在黑色格柵上方，底邊對齊美術紙的對摺線後（這樣塗黑線時才不容易塗出界），將標示1的小圓中落在空白處的地方以黑色簽字筆塗黑。

⑤ 塗好小圓的部位後，將描圖紙往右移0.25公分，接著將標示2的中圓中落在空白處的地方塗黑。

⑥ 接著再把描圖紙往右移0.25公分，將標示3的大圓中落在空白處的地方塗黑。

7 用雙面膠將黑色美術紙的兩端貼合起來。

8 最後將描圖紙放入美術紙中就完成啦！

 創 意 變 變 變

你也可以把底圖設計為彩色圖案（左圖），但黑白格柵的寬度得要更細才能看得清楚，建議先用電腦繪圖再列印出來。兆芳老師也曾經看過一款明信片商品利用紙張的壓摺來拉動底圖產生動畫（右圖），操作起來更加便利。大家也可以發揮巧思，嘗試找出更好玩的方法喔！

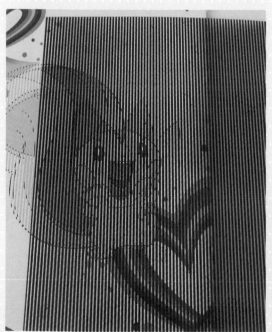

可以先練習設計簡單的圖案，例如幾何圖形、愛心等來做「變大變小」的變化，接著再試著將圖案左右或上下「移動」。掌握技巧後，再來挑戰較困難的變化，例如葉扇的「轉動」。

若想更了解黑色格柵的尺寸與漸變畫面的數量關係，可參考以下圖解說明。編號1是一組藍色愛心，編號2是縮小的黃色愛心，編號3是愛心消失（圖A）；假設黑色格柵的寬度是空白處的2倍（圖B），當我們把格柵放上去時，編號1的欄位會出現藍色愛心（圖C）；向右移動一些，編號2的欄位會出現黃色愛心（圖D）；再向右移動一些，編號3的欄位會出現愛心消失（圖E），依序類推。

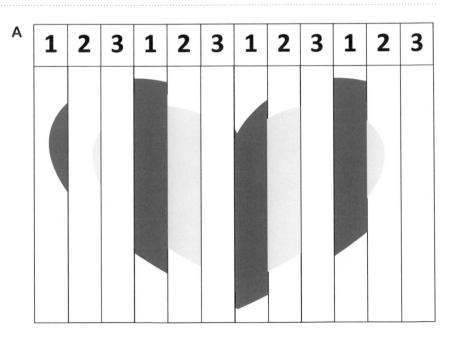

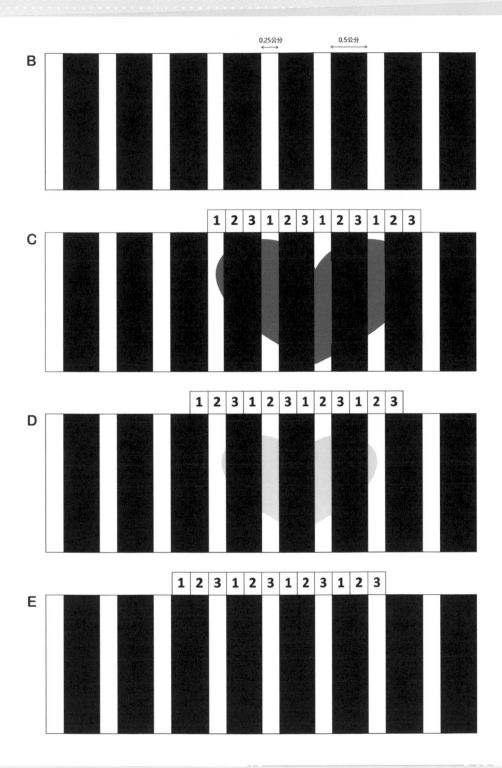

黑白格柵動畫的底圖看似混亂，但擺上格柵後，畫面就出現了。類似的底圖設計還有另一種應用：你是否看過一種塑膠尺，表面摸起來有一條條的細紋，當你轉動塑膠尺時，圖案就動了起來，或是會出現不同的畫面。那些細紋放大來看其實都是圓

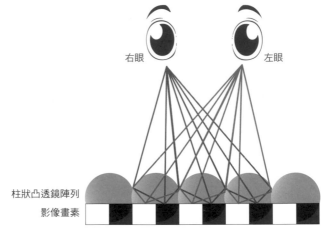

柱狀的透鏡，而細紋下方的底圖是由不同的圖像穿插排列而成，轉動塑膠尺時，光線折射經過這些圖柱狀透鏡，就能看到下方的圖像不停變換。用這個方式還可以製作出立體貼紙、卡片、磁鐵等文具用品，或甚至廣告看板喔！

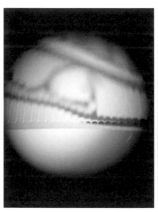

科　學
放大鏡

　　　這也是視覺暫留所造成的效果。底圖的黑白圖案其實由多張圖案疊合在一起，當黑白格柵蓋在上面，只會露出其中一個圖案，順向移動時會露出其他圖案，只要掌握移動速度，就會看到連續動作，也就是所謂的「格柵動畫」。

08 彩虹閃卡

材料&工具

- A4黑卡紙（厚0.1公分） 1/8張
- 透明指甲油
- 臉盆（裝水）

1 先將黑卡紙放入水中，並讓它浮在接近水面處，再滴入透明指甲油。

2 此時水面上會浮著薄薄的一層油膜，再慢慢將黑卡紙撈向水面，讓油膜附著在黑卡紙上。

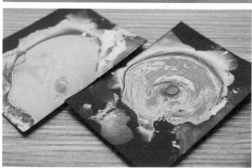

漂亮的彩虹閃卡可以任意裁剪成不同形狀，用金屬油漆筆畫上圖案，利用打洞器打個洞，綁上細緞帶，就是很特別又閃亮的書籤囉！

手作小撇步

黑卡紙較一般黑色美術紙來得厚一些，所以即使浸入水中，乾燥後也比較不易扭曲變形，能讓彩虹薄膜更完整呈現。

你曾留意過泡泡的膜在陽光底下也會出現彩虹般的色彩，或在汽油漏油的路面上也會看見彩虹薄膜嗎？這些現象跟彩虹閃卡一樣，都是源自「薄膜干涉道理」喔！

**科　學
放大鏡**

　　透明指甲油與水不相溶，加上油的密度比水小，所以油膜會浮在水面上。當我們把油膜放大來看，光線照射後，油膜上層會先反射部分光線，另一部分的光線折射進入油膜後，會在油膜下層處再產生反射，二次反射的光重疊後就會產生「干涉」，不同的干涉結果就產生不同顏色的光，也就是我們所看見彩虹般的視覺效果。

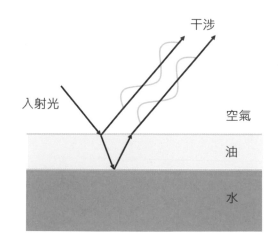

干涉

入射光

空氣

油

水

09 偏光轉盤畫

材料 & 工具

- A4白色美術紙　1/2張
- 偏光片
- 兩腳釘　1個
- 串珠　1個
- 透明膠帶
- 剪刀
- 色筆
- 壓花器
- 打洞器
- 圓規

1 利用壓花器與打洞器在偏光片上壓出圖案與圓點。

2 將 1/2 張白色美術紙對摺，畫上半徑 4 公分的水晶球圖案，並以色筆塗上顏色與想要的圖案或花樣。

3 將一開始壓出的圖案與圓點貼在水晶球內。

4 用圓規在偏光片上畫出半徑 4 公分的圓並剪下，在圓心處剪一個小洞。

5 以兩腳釘與串珠將圓形偏光片固定在水晶球中央。

6 最後再用色筆塗鴉裝飾其他空白的部分，完成！

7 將卡片放在燈光下並轉動圓形偏光片，水晶球內的雪花會有閃爍的錯覺喔！

在偏光片上隨意貼上相互交錯的透明膠帶，再搭配另一片轉動的偏光片來觀看，就會看到不同顏色的色塊。我們除了能以這樣的作法做出會變色的熱氣球卡片外，還能創作出哪些有趣的圖案呢？

手作小撇步

偏光片打洞時，若直接以鑽子或剪刀鑽洞，很容易造成偏光片碎裂，建議先用美工刀在打洞處割出十字，再用小剪刀剪出一個小圓。

生活中的偏光片應用很多，例如太陽眼鏡、液晶面板、偏光3D立體眼鏡、單眼相機的偏光濾鏡等等。環境中有許多反射光線屬於偏振光，偏光太陽眼鏡只能讓朝某個方向振動的光線通過，讓光線變得柔和，使我們看到的景物自然清晰。而單眼相機的偏光濾鏡如同偏光太陽眼鏡原理，但鏡頭的偏光片可以旋轉角度來調整拍攝效果，能夠避免雜亂的光線進入鏡頭，讓整體畫面成像更加清晰。

A. 相機鏡頭前方的偏光濾鏡。

B. 左圖中可看到水面上有許多反光；右圖是加偏光鏡的相機所拍攝，水面上的反光減少許多。

C. 計算機的液晶螢幕也有偏光片，蓋上另一片偏光片後，轉至適當角度，液晶畫面就會消失。

科學放大鏡

　　光是一種電磁波，具有波動性，其波動面有各種不同方向。
　　我們可以將偏光片想像成一條條極細的柵欄，當光線穿過時，來自四面八方的振動光波只要和柵欄方向不同，就會被擋住無法穿透，通過的光成為朝單一方向振動的光。當偏振光通過像是膠帶等具有旋光性的物質，會使原本的偏振角度產生旋轉，再配合轉動偏光片觀看，就能觀測到不同顏色的色光。

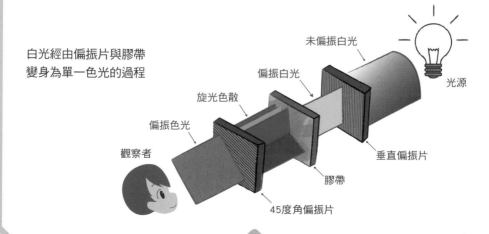

白光經由偏振片與膠帶變身為單一色光的過程

未偏振白光

光源

偏振白光

旋光色散

偏振色光

觀察者

垂直偏振片

膠帶

45度角偏振片

10 酸鹼染布

難易度指數 ♠

材料
&
工具

- 白布
- 酒精　100毫升
- 檸檬汁　少許
- 水彩筆　2枝
- 薑黃粉　10公克
- 小蘇打粉　少許
- 橡皮筋　數條
- 容器

1 隨意抓起染布以橡皮筋牢牢纏緊。

2 在容器裡倒進100毫升的酒精後加入10公克的薑黃粉，讓薑黃粉溶解於酒精中並釋出薑黃素。

3 將纏緊的染布放入容器中約20秒即可取出。

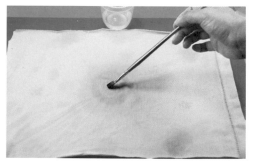

4 用水彩筆沾少許小蘇打水輕輕點畫在染布上，原本黃色的部位會慢慢轉變成紅棕色。

5 再用另一枝水彩筆沾檸檬汁塗在紅棕色的部位，慢慢的又會恢復原本的黃色。

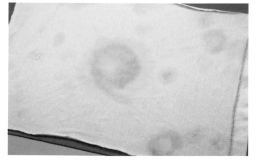

6 利用小蘇打水與檸檬汁在染布上畫出美麗的圖案吧！

在染布時，除了可以利用橡皮筋纏緊染布外，還可以利用冰棒棍、彈珠、石頭、瓶蓋等放在染布內再以橡皮筋纏緊，試試看會染出什麼不同的圖案？

也可以把染布當成畫布，直接以水彩筆沾薑黃粉溶液塗抹在染布上，再以小蘇打水和檸檬汁來做更多的變化。

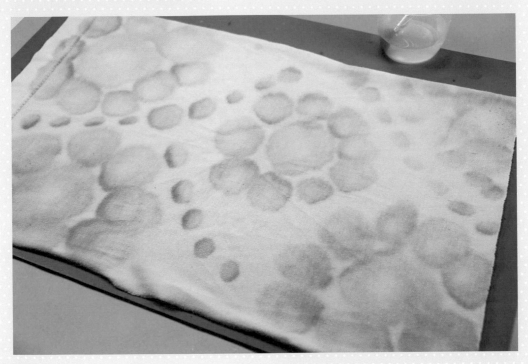

手作小撇步

以小蘇打水溶液刷塗時，只要以水彩筆沾一些即可，用輕輕點畫的方式塗在染布上，避免過多的液體在染布上暈開，使得整塊布都變成紅棕色。變色速度會因為染布的濕潤程度有所差異，如果沒有顏色變化，可以先觀察幾秒鐘後再補畫溶液，避免變色範圍不如預期。

一般來說酸性溶液多具有酸味，鹼性溶液摸起來具有滑溜感；酸鹼有強弱之分，強酸或強鹼具有腐蝕性，不能任意用口鼻嚐試或用手觸摸，也不一定能透過外觀分辨，需要透過指示劑來檢驗。除了化學檢測用的試紙或試劑，生活中也有許多葉菜或花草中的花青素遇到酸鹼會有顏色變化，例如紫色高麗菜、藍莓、葡萄、蝶豆花等，大小朋友們也可以動手試驗看看。手搖飲料中的漸層效果就是利用這個概念，照片中最上層為蝶豆花茶，黃色為橘子汽水，兩層中間出現的紫紅色，就是蝶豆花茶遇到酸性的汽水產生的顏色。

**科 學
放大鏡**

薑黃裡的薑黃素碰到酸性與鹼性溶液會有變色反應，在鹼性條件下會呈現紅褐色，在中性、酸性條件下則呈黃色。因此用鹼性溶液來塗會呈現紅褐色，如果想要改變圖案，在紅色區域塗上酸性溶液進行酸鹼中和，原本的紅褐色又會消失，而酸性溶液在薑黃中變色反應不明顯，如此一來，染布就如同畫板般可以任意塗色與擦拭囉！

⑪ 卡祖笛

材料 & 工具

- 紙捲
- 橡皮筋
- 剪刀、尺
- 雙面膠／白膠
- 玻璃紙
- 色紙
- 色筆
- 鑽子

1 將色紙黏貼在紙捲上，或是以色筆彩繪裝飾。

2 在距離紙捲開口4公分處鑽出一個小洞。

3 將玻璃紙套在紙捲一側開口，並以橡皮筋固定但不要綁緊，這樣就完成囉！

 創 意 變 變 變

除了用玻璃紙來當「膜」外，也可試試各種不同的材質，例如烘焙紙、塑膠袋等，看看哼奏的效果有何不同？而不同粗細、長短的紙管哼奏出來的聲音也會一樣嗎？利用相同的製作方法，我們也可以利用粗、細吸管和保鮮膜來做一個迷你的卡祖笛喔！

 手作小撇步

聲音的音色會隨著「膜」的材質有所不同。請選擇輕薄容易震動的材質，在哼奏時比較容易發出趣味的聲音；如果材質太厚，震動效果較差，聲音就會比較低沉。另外，也可以將側邊扎洞變大，哼奏時聲音會變得更響亮，也可以避免把膜吹落。

卡祖笛最早是由誰發明雖不得而
知，但在非洲類似的樂器確實已存
在了數百年，而最早申請卡祖笛專
利的是美國的發明家，於1883年
發布。它的好玩之處在於，你完
全不用懂任何樂理，也不用背譜
就能吹奏，號稱從學習到能吹奏

歌曲的時間不用1分鐘，只要會哼歌就行，而不同的材質，音色也會略有不同。

科　學
放大鏡

　　卡祖笛的結構相當簡單，是由膜片和共鳴腔所組成。吹奏
時，我們所發出的聲音會讓膜片震動，產生不同的音色，再透過
共鳴腔讓聲音變大。發出沙啞音色的管樂器，屬於膜鳴樂器。

動 起 來 的 科學玩具

手部擺盪，身體也能跟著一同翻滾的體操人；一碰到蒸氣就捲曲身體，甚至逃離烤架的海鮮；應用牛頓第三原理飛上天際的迷你水火箭⋯⋯掌握材料特性，運用簡單的科學概念，就能讓玩具動起來！

⑫ 暴走蜘蛛

材料
&
工具

☐ 紙碗　1個	☐ 2.5公分竹籤　2支	
☐ 橡皮筋　1條	☐ 3號電池　1個	
☐ 毛根　4條	☐ 玩具眼	
☐ 水彩顏料	☐ 色筆	
☐ 白膠	☐ 膠帶	☐ 鑽子

1 在靠近紙碗邊緣的兩端鑽洞。

2 在2個洞的上方再分別鑽出4個洞。

3 以水彩顏料上色。

4 將橡皮筋穿過步驟1的洞後套在小竹籤上固定。

5 將毛根以交叉的方式穿過先前鑽好的8個洞,中間以膠帶纏繞避免毛根滑動。

6 接著再用膠帶將毛根中央固定在碗底。

7 以膠帶將3號電池纏繞固定在橡皮筋上。

8 最後再彎曲以毛根做成的蜘蛛腳，用顏料或色筆彩繪紙碗外緣，最後貼上眼睛就完成囉！

9 轉動纏在橡皮筋上的電池，手先扶住電池，將蜘蛛輕放在桌上後再鬆手，蜘蛛就會前進或後退。

手作小撇步

1. 步驟4中除了以竹籤固定橡皮筋外，也可以在橡皮筋的兩端套上2個迴紋針夾在紙杯或牛奶盒的兩端。

2. 讓暴走蜘蛛前進或後退的關鍵和橡皮筋旋轉的方向有關。試試看，將電池往外旋緊和往內旋緊，蜘蛛行進的方向有什麼不同？

也可以利用不同的容器，例如紙杯、牛奶盒、優格罐等，搭配毛根、毛線、色紙……等材料做出各種造型。

生 · 活 · 裡 · 的 · 科 · 學

你有碰過直立式洗衣槽中的衣物在脫水時沒有擺放平均，而發出猛烈晃動聲的情況嗎？這樣的現象其實是偏心轉動所造成。手機會震動，也是因為手機裡的馬達轉軸上裝有偏心塊，形成偏心震動。

科 學
放大鏡

　　蜘蛛之所以會暴走跳躍，主要是因為轉動橡皮筋產生扭轉，釋放後因彈力使電池轉動而前進或後退。但另一個重點在於橡皮筋並非穿過電池轉軸軸心，因此轉動時會產生偏心震動，加上紙碗較輕，電池較重，轉動過程給予反作用力，而讓蜘蛛上下跳動。

⑬ 彈跳運動會

難易度指數 ♠

材料 & 工具

☐ 紙杯　2個	☐ 毛根　1條
☐ 華司1/2 4分　1枚	☐ 橡皮筋　1條
☐ 色筆	☐ 剪刀
☐ 鑽子	☐ 雙面膠
☐ 膠帶	

1 先在杯子上畫出大眼與彎眉毛，也可以再畫上其他圖樣裝飾。

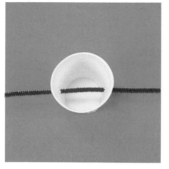

2 在杯子兩側鑽洞，並將毛根穿過洞中。

3 將杯內的毛根按壓在杯子內緣後以膠帶黏貼固定。

4 露出杯外的毛根則折成雙手的形狀。

5 在杯底貼上雙面膠並黏上華司。

6 在杯口兩側剪出約1公分的缺口並套上橡皮筋。

7 拿出另一個紙杯並畫上彈簧的圖案，再將步驟6的紙杯放在畫有彈簧圖案的紙杯上。

8 用手輕壓後放開，上方的紙杯就會往上跳開囉！

上方原本底朝上的紙杯彈出後，有時會因為杯底華司的重量，在降落後正立在桌面上，所以可以在紙杯上畫出上下顛倒看都成立的圖案來增添遊戲的樂趣。例如圖中的範例，杯底朝上時，是一個有眉毛的大眼怪，而當杯底朝下時，就變成一個微笑的大眼怪。想想看，還可以幫紙杯做些什麼上下顛倒看都成立的造型呢？

手作小撇步

1. 如果橡皮筋壓在紙杯上容易打滑，也可以在彈簧紙杯底部剪出凹槽，讓橡皮筋更容易固定。

2. 除了利用華司配重，也可以使用壓扁的油黏土增加杯子底部的重量，讓杯子更容易立起來。

具有彈性的材料在生活中隨處可見，像橡皮筋一樣可以伸縮的材料，最常見的就是彈簧了。彈簧依受力性質不同，常見的可以分成壓縮、拉伸及扭力彈簧：原子筆彈簧和腳踏車的避震器就屬於壓縮彈簧的應用，拉伸彈簧則可以在健身器材或彈簧秤上見到，我們常玩的發條玩具也是運用彈簧的扭力讓玩具動起來的。

科學放大鏡

橡皮筋是具有彈性的物質，變形之後會回復原來的形狀，橡皮筋套在紙杯上，受到擠壓而拉伸，手放開後這股回復的力量就形成了一股反作用力，讓大眼怪彈飛出去。而大眼怪杯底黏了一枚較重的華司，使杯子的重心靠近底部，當杯子跳躍落下時，重心會向下產生翻轉，使大眼怪倒立落地。

14 翻跟斗體操人

難易度指數
♠ ♠

材料 & 工具

- 細紙吸管　3根
- 粗紙吸管　1根
- 白色美術紙　1/4張
- 色筆
- 剪刀、尺
- 雙面膠
- 膠帶

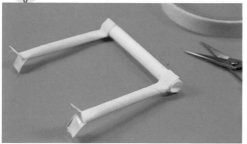

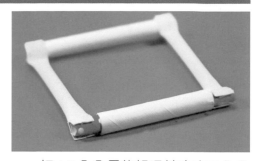

1 將細吸管剪成2段長為7公分的吸管，接著用手把吸管兩端壓扁再以剪刀剪開，折成Y狀後以雙面膠黏貼在7公分長的粗吸管兩端。

2 把4.5公分長的粗吸管套在7公分長的細吸管上，接著用雙面膠把步驟1的細吸管黏貼在套有粗吸管的細吸管兩端。

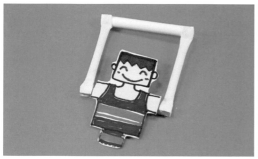

3 在白色美術紙畫上人偶的上半身（或剪下書末紙模），將肩膀的部分黏貼在4.5公分的粗吸管上。

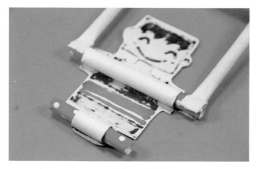

4 把1.5公分的粗吸管套在4公分的細吸管上，並把1.5公分的粗吸管黏貼在上半身下方的黏貼處。

5 在美術紙畫出人偶的下半身（或剪下書末紙模），褲頭兩端貼上雙面膠黏貼在4公分的細吸管兩端。若黏上後會有下半身動得卡卡的情形，可以再用剪刀修剪調整卡住的地方。

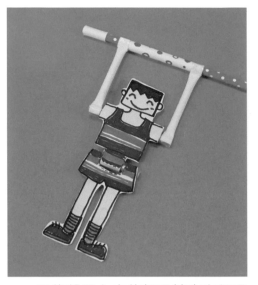

6 最後將最上方的粗吸管套在細吸管上，並剪一小段粗吸管黏貼在細吸管頂端，避免體操人偶因搖動而脫落。

7 搖晃上方的吸管，下方的人偶會跟著擺動，甚至翻滾。

手作小撇步

1.較小的孩子可能無法畫出上下半身分開的人型，建議可以在紙上畫一個完整的人型後剪下，或是直接列印人偶圖片，一樣把肩膀的部分貼在4.5公分的粗吸管上即可。

2.步驟1、2以雙面膠黏貼吸管的地方若容易鬆脫，可再用膠帶加強固定。

最常見的共振現象就是盪鞦韆，乘坐時只要身體擺盪的節奏合宜，鞦韆就會越盪越高。

創 意 變 變 變

你也可以將2根不同長度的冰棒棍黏在吸管上，再將竹籤穿過吸管架設在紙杯做成的底座上，冰棒棍的底端還可以黏上貼有活動眼的小毛球來裝飾。輕輕搖晃底座，2根冰棒棍就會開始擺動，甚至翻轉！

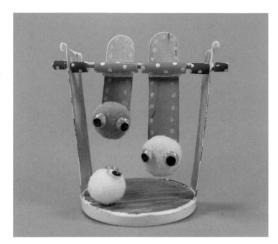

科 學 放大鏡

　　你有發現嗎？如果你的手任意擺動，體操人只會隨機擺盪，不一定會翻轉。但掌握擺動頻率後，就能控制全身360度翻轉，甚至做到手部擺盪、身體不斷翻滾的特技表演。會有這樣的效果是因為體操人的擺動就像單擺一樣，不同長度的單擺有各自的擺動頻率，當你搖動單擺的頻率與它的擺動頻率相同時，擺動幅度會逐漸加大，出現共振的現象。

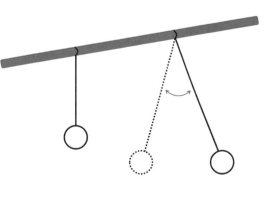

15 搖擺猴子

材料
&
工具

- A紙板（長40公分×寬12公分） 2塊
- B紙板（長40公分×寬2公分） 2塊
- C紙板（長40公×寬6公分） 1塊
- D紙板（長12.5公分×寬5.5公分） 1塊
- 4公分竹籤 14支
- 9.5公分竹籤 1支
- 鑽子
- 美工刀、尺
- 色筆

1 在其中一塊 A 紙板距離兩側長邊 2 公分處畫上標線記號，在上方標線距離左側短邊 2 公分處做上記號後鑽洞，接著沿著標線以每 5 公分的間距標上記號並鑽小洞。在下方標線距離左側短邊 4.5 公分處做上記號後鑽洞，接著沿著標線以每 5 公分的間距標上記號並鑽小洞。

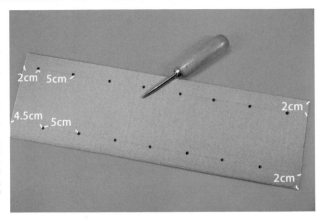

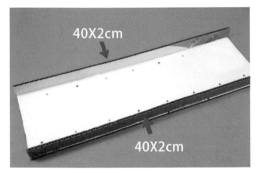

2 用白膠將 2 塊 B 紙板黏貼在 A 紙板背面兩側。

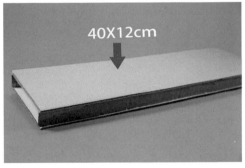

3 再將另一塊 A 紙板黏貼在上方。

4 接著如圖所示將 C 紙板一側黏貼在上側的 A 紙板上，未黏貼的部分是調整主體紙板傾斜角度的支架。

5 把 D 紙板對折但上下紙板保留約 0.3 公分的長度落差，並在中心點做個記號。

6 將長竹籤的中心點對準D紙板的中心點後，以白膠黏貼固定。

7 在紙板畫上圖案。

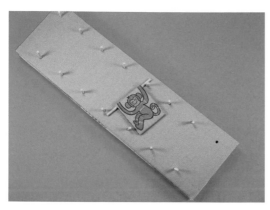

8 將14支短竹籤插入最初鑽好的洞中，完成。

創 意 變 變 變

1. 試著改變紙板偶的竹籤長度或紙板長度，或是利用2枚迴紋針來增加紙板偶的重量，觀察看看下降的情形會有什麼差別。

2. 除了利用竹籤與紙板，也可直接以紙板設計各種紙偶造型，或是在主體畫上樹藤、樹幹、梯子等圖案增加趣味性。

1. 若想嘗試難度較高的紙偶造型，可以先參考步驟6的作法，將紙板偶（連同竹籤）的外型描繪在紙板上，然後再依據比例設計其他紙偶的形狀，例如張開手的人偶、企鵝等等。

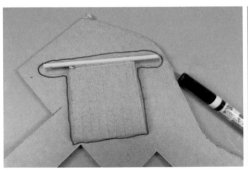
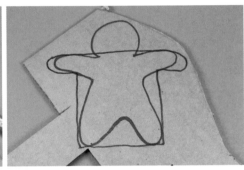

2. 你也可以進一步挑戰不同尺寸，兩排木棒的左右間距需控制在身體不會撞到，手也能順利滑動下擺的狀態；再者，身體的長度會影響重心，也會關係到是否能夠順利的掉到下一階木棒（紅色箭頭為容易卡住的地方），可以用配重或是修剪長度的方式來調整。

田園造景中也有一種趣味裝置，初始時筒子重心在
底部而往後倒，當筒內水滿時，重心移動到支點上
方而傾倒，把水倒出來，如此反覆運作。

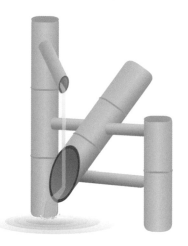

**科 學
放大鏡**

　　重心是物體重量分布的中心點，當支點頂在重心位置時，就
　　容易保持平衡。紙偶的重心約落在紙板幾何中心靠近竹籤的地
方，下落時竹籤手臂觸及阻隔竹籤處為支點，瞬間無法平衡產生擺動
與下滑，如此反覆的過程就讓紙偶左右搖擺下降囉！

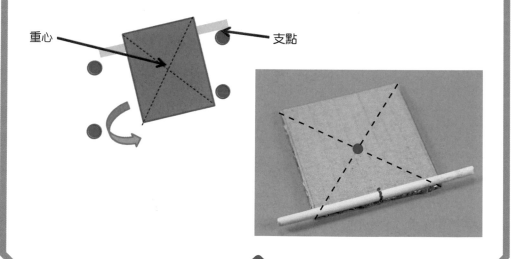

重心　　　　　　　　　　　　　　　支點

16 蒸氣烤海鮮

難易度指數 ♠

材料 & 工具

- 描圖紙　1張
- 杯子
- 熱水
- 剪刀
- 廚房紙巾　1張
- 橡皮筋　1條
- 油性色筆

1 用油性色筆在描圖紙上畫上各種海鮮並剪下。

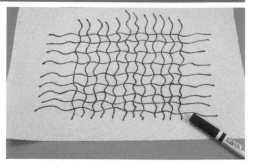

2 在廚房紙巾上畫出烤肉架的格子圖案。

3 杯子裡裝約半滿的熱水,再將廚房紙巾以橡皮筋套在杯緣。

4 接著把先前畫好的海鮮圖樣輕放在廚房紙巾上,海鮮們就會變形扭曲,甚至慢慢翻滾移動。

 手作小撇步

1. 因為操作過程中會用到熱水,為了避免意外燙傷,還是要請家長陪同幫忙以確保安全。

2. 除了使用描圖紙外,也可以使用比描圖紙輕薄的廚房料理紙或烘焙紙,捲曲的效果會更明顯喔!

除了魷魚、烏賊、章魚、蝦子外，我們也可以試試各種不同造型的圖案，例如呈放射狀的花瓣、身體長長的蜥蜴，或者是手長腳長的外星人等，來觀察看看牠們又是如何扭動、變形。

生 · 活 · 裡 · 的 · 科 · 學

大家或許都有過書籍淋濕變皺的經驗，但一般書籍可不像描圖紙一樣過一會兒就會回復原狀。這時你可能會想到用吹風機吹乾，但快速乾燥的過程會加速紙張纖維收縮，反而變得比自然風乾時還要皺。你可以試試用布將水分吸乾後再將書放到冰箱內，冰箱內除濕與低溫的環境比較不會破壞紙張纖維，待紙張乾燥後取出放回室溫環境，書頁將會變得平整許多。

科 學 放大鏡

　　沒有經過特殊處理的紙張遇水後，纖維會吸水膨脹而撐開；而描圖紙是經過短時間浸泡酸性溶液製成，能防水、抗油污，對濕度敏感，遇濕、遇熱都容易捲曲。當我們把它放在熱水上方，會發現它不會因受潮而軟爛，但纖維卻開始伸展，過程中會因為紙片各處受潮程度不同而不斷翻轉扭動。

17 迷你水火箭

難易度指數
♠ ♠

材料 & 工具

- ☐ 塑膠滴管　1個
- ☐ 泡棉片
- ☐ 冰棒棍　數根
- ☐ 剪刀
- ☐ 雙面膠

- ☐ 20毫升塑膠針筒　1個
- ☐ 紙膠帶
- ☐ 橡皮筋　3條
- ☐ 泡棉膠

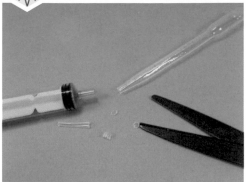

① 慢慢修剪滴管開口，讓開口剛好能夠套上針筒口。

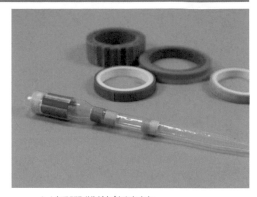

② 以紙膠帶裝飾滴管。

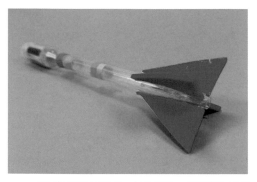

③ 用泡棉片製作成尾翼，接著以雙面膠黏貼在滴管末端，小火箭完成。

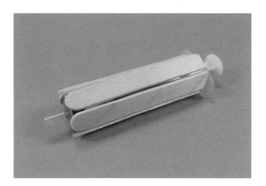

④ 將冰棒棍裁剪成針筒的長度後，以泡棉膠黏貼在針筒上。

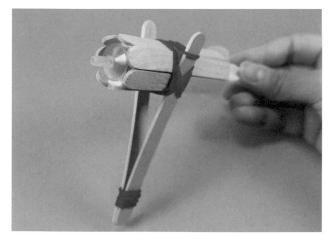

⑤ 用橡皮筋將2根冰棒棍的一端固定，再把另一端用橡皮筋棍纏繞在針筒上，迷你水火箭發射器完成。

⑥ 吸取約1/3滴管容量的水。

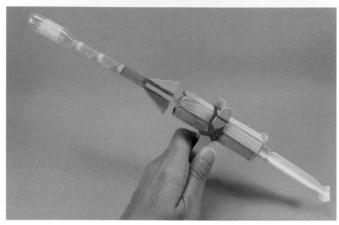

⑦ 先將針筒的活塞拉開，再把滴管套在針筒口，就可以準備發射囉！

1. 塑膠滴管與針筒口相接得越緊密，越能在滴管內蓄壓，而滴管開口口徑較小，又能使推進的作用力變得更大。因此裁剪滴管的開口時，建議從下方一點一點慢慢修剪到可以緊套在針筒口的大小，避免一次下手太重，導致滴管開口過大而無法發射。

2. 迷你水火箭仍具有一定的威力，建議戴上護目鏡並選擇空曠的地方發射，也千萬不要對著人發射，以免造成危險。

除了常見的滴管外，小滴管也能拿來改裝成更迷你的水火箭。也可試試若裝上不同形狀的尾翼，飛行的效果會有何不同？或者做一個可調整角度的水火箭發射台，觀察在哪個角度下，能將水火箭射得最遠喔！

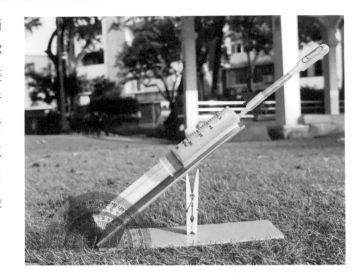

生·活·裡·的·科·學

作用力與反作用力的例子隨處可見，以孩子最喜歡玩的氣球為例，把灌滿氣的氣球洩氣會亂飛就是個例子。還有我們走路時鞋面與地板接觸，因為地板有摩擦力，當腳往後踩時，地面也會給予一個反作用力讓我們前進，而當我們穿著溜冰鞋或在冰上走路，這股反作用力就小得多，因此走起路來會比較費力。

科 學 放大鏡

水火箭升空與氣球洩氣會飛出去的原理，正好符合我們常聽到的牛頓第三運動定律：物體受外力作用時，必定會產生反作用力，作用力與反作用力大小相等，方向相反。而水無法被壓縮，所以在滴管脫離針筒的瞬間，壓縮空氣將水向外推，水流高速噴出增加反作用力，會比僅有空氣噴出的推力來得大。

18 爬繩小猴

難易度指數 ♠♠♠

材料 & 工具

☐ 紙杯隔熱套　1個	☐ 兩腳釘　2個
☐ 竹籤　1支	☐ 橡皮筋　1條
☐ 中國結繩　40公分	☐ 色筆
☐ 剪刀、尺	☐ 泡棉膠
☐ 釘書機	☐ 鑽子

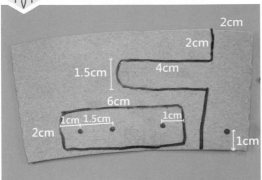

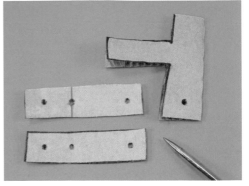

1 先在隔熱杯套上畫出主體的形狀，在紅點的位置以鑽子鑽洞後沿著黑線剪下。

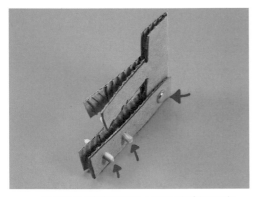

2 身體與腳的部分用兩腳釘固定，剪下2段長2公分的竹籤穿過兩腳間的洞。

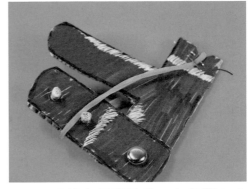

3 用色筆上色彩繪後，在身體上方剪個三角形缺口，接著將橡皮筋套在缺口上並用釘書機固定，橡皮筋的下方則套在第二根竹籤的位置。

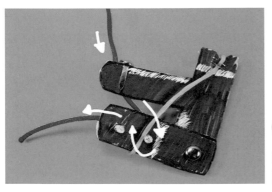

4 把兩腳釘夾在兩手前端往內約1公分處，再將中國結繩穿過兩腳釘中間的空隙後再繞到第二根竹籤後面，接著繞到第一根竹籤上方。

5 最後再用剩餘的隔熱杯套或紙板畫上頭像和尾巴後剪下，以泡棉膠黏貼在身體上，完成。

6 雙手拿著繩子的上下兩端，再輕輕將下方的繩子往下拉，小猴就會往上爬升一步囉！

手作小撇步

1. 爬繩小猴能否往上爬的關鍵與手部兩腳釘夾的鬆緊程度有關，需要多試幾次，慢慢調整至適當的鬆緊度後，再用膠帶把兩腳釘黏貼固定，這樣兩腳釘就不會因繩子的拉扯而鬆開。

2. 在製作的過程中盡量不要折壓杯套的瓦楞紙，否則紙質容易變軟、變形，也會影響小猴能否往上爬升喔！

利用隔熱杯套本身的顏色加上頭像的變化，還可以做出更多不同的紙偶造型，例如聖誕老公公、小精靈、小獅子等。你想做什麼造型的爬繩偶呢？

生·活·裡·的·科·學

生活中其實很常見到利用繩子或織帶繞過物品產生S形結構來增加摩擦力的物品，例如背包或行李袋的背帶、皮帶等等；當你想要鬆開背帶或皮帶時，只要撥開鈕環，讓織帶的轉折變小就可以調整背帶或皮帶的長度囉！

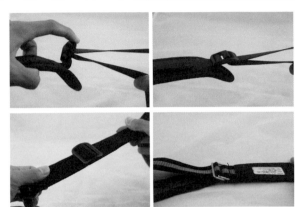

科 學 放大鏡

從手作小撇步可以發現調整玩偶手部摩擦力是成功關鍵：紙偶手部的兩腳釘能稍微夾緊繩子，但仍能讓繩子滑動。當你向下拉繩時，因為繩子繞過腿部的2個竹籤，該處產生的摩擦力較手部大，給予反作用力推動身體向上爬升；鬆手時，穿過腿部的繩子不再緊繞，相對來說，此刻手部兩腳釘的摩擦力較大，綁在猴子身上的橡皮筋把腳上抬，猴子就在繩子一拉一收之間向上爬升。

▲ 左圖：未拉繩子時；右圖：拉繩子後。

難易度指數 ♠

材料 & 工具

- 扭蛋（參考直徑4.5公分）
- 螺母（參考尺寸5/8分）
- 壓克力顏料與刷子
- 油性色筆
- 泡棉膠

1 打開扭蛋後，用泡棉膠將螺母黏貼在扭蛋底部中心。

2 在扭蛋內部塗上壓克力顏料（本身已經有顏色的扭蛋，可以省略這個步驟）。

3 用油性色筆彩繪扭蛋，讓外表色彩更繽紛。

4 轉動扭蛋旋轉後，原本貼有螺母的下半圓會逐漸轉換到上面的位置。

手作小撇步

螺母的重量不宜太重，不然轉動時會造成明顯的晃動，反而不容易成功翻轉。另一種更具實驗性且便利的替代物品則是黏土，將適量的黏土黏在圓形扭蛋殼底部，也會有一樣的效果喔！

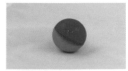

1. 你也可以用雙色扭蛋殼來製作，這樣轉起來會是一種顏色，停下來時又會是另一種顏色喔！右方圖例是將黏土黏在紅色球殼內。

2. 你還可以試著將乒乓球剪去2/3，接著在乒乓球內緣底部中心以熱熔膠黏上約3.5公分的小圓木或竹筷，再發揮想像力為乒乓球塗上顏色或線條，簡單又具特色的翻轉陀螺就完成囉！

生 · 活 · 裡 · 的 · 科 · 學

陀螺未轉動時會傾倒，高速旋轉時就能夠站立形成不穩定的平衡狀態，因此也可以想像陀螺轉動時，必定會產生一個讓陀螺站立的力量。你也會發現，假使讓陀螺持續高速轉動，只要沒有外力介入，旋轉軸是不會改變的，人們便根據這個原理製作出陀螺儀，應用於電動獨輪平衡車、體感遊戲控制器、偵測手機傾角、導航等等功能。

科學放大鏡

許多陀螺的設計都是盡量降低重心、使轉動穩定，在轉動過程中重心也會保持在底部支點的正上方，形成不穩定的平衡。仔細觀察翻轉陀螺的差異主要有二：一、外觀結構看似圓球體，且重心與球心的位置不同，重心會比球心略低；二、因為底部為球面，轉動過程與地面接觸的點會不斷改變，過程中陀螺轉動、摩擦力以及重力交互作用讓陀螺產生翻轉。

球心
重心
地面接觸點

20 瑞力球

難易度指數
♠

材料
&
工具

☐ 面紙盒　1個	☐ 細吸管　1支
☐ 竹筷　1雙	☐ 兩腳釘　2個
☐ 瓶蓋　5個	☐ 彈珠　1顆
☐ 色筆	☐ 色紙　　　　　☐ 鑽子
☐ 剪刀、尺	☐ 白膠　　　　　☐ 泡棉膠

① 將面紙盒裁成5公分的高度。

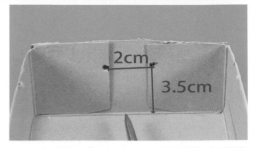

② 在面紙盒的其中一個短邊中間的位置，打2個相距2公分、高度約3.5公分的小洞。

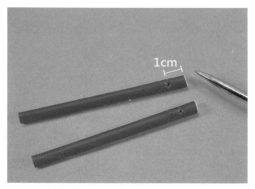

③ 吸管剪成兩半，離底端1公分處鑽個小洞（穿透吸管兩側）。

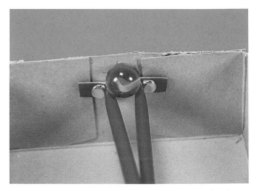

④ 用兩腳釘把吸管固定在紙盒的小洞上，然後將吸管往中間拗折，2根吸管中間的空隙恰好可放上彈珠。

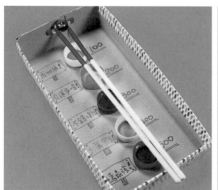

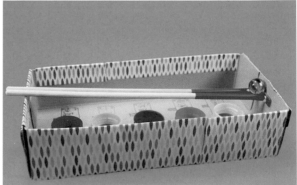

⑤ 用泡棉膠把瓶蓋黏貼在紙盒底部，再以色筆和色紙裝飾紙盒底部與外緣，最後再將竹筷插入吸管中，完成。

瑞立球的組成構造很簡單，我
們也可以利用鉛筆盒裡的鉛
筆、橡皮擦加上迴紋針，再加
上可以墊高的物品，就能完成
一個簡單有趣的瑞立球組，甚
至用一張廣告紙也能做成超簡
易的迷你瑞立球組喔！

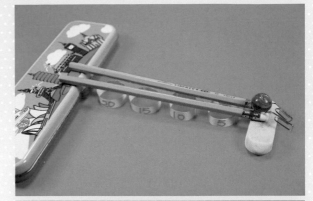

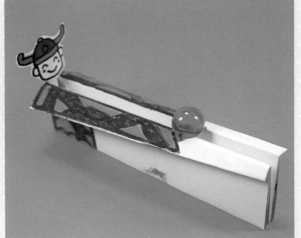

手作小撇步

1. 2根竹筷中間的空隙需依據球的大小來調整，太寬或太窄都
   不太容易讓球往前滾動。

2. 竹筷的傾斜度也會影響球的滾動，傾斜度越高，球越不容易
   往前滾動。

因為錯覺而誤以為物體能違反重力作用往上移動的例子，其實在生活中就可以發現，例如位於台東都蘭的奇景「水往上流」，此處的特殊地勢使溝渠內的水看似往高處流動，就是因為兩旁的景物傾斜度大於路面，形成水往上流的錯覺。

科 學 放大鏡

彈珠看似往高處滾動，但其實是個錯覺。我們從側邊觀察2顆彈珠的位置就可以清楚發現，由於彈珠是圓的，當上方的軌道變寬時，軌道支撐彈珠的位置變從彈珠下方往彈珠中間位置移動，過程中彈珠其實是往下掉落，並沒有違反重力的作用喔！

如果要讓彈珠往更高處移動，你會從操作中發現適時夾緊軌道，可以讓彈珠繼續向上滾，這是因為此時軌道並非平行，而是帶有些許角度，擠壓時會給彈珠一個向上方移動的力量，再靠彈珠的慣性繼續前進。

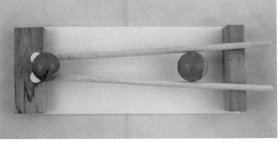

21 熱血保齡球

難易度指數
♠ ♠

材料
&
工具

- A紙板（長35公分×寬15公分） 1塊
- B紙板（長35公分×寬3公分） 2塊
- C紙板（長30公分×寬14公分） 1塊
- D紙板（長16公分×寬10公分） 1塊
- 曬衣夾 1個
- 細紙吸管 2支
- 粗吸管 2支
- 彈珠 1顆
- 泡棉膠
- 色筆
- 圓點貼紙
- 剪刀、美工刀、尺
- 白膠

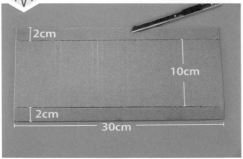

1 C紙板長邊各留2公分的寬度畫上標線後，再用美工刀輕輕劃開紙板表面，並將它往後折。

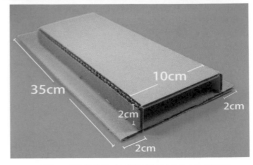

2 將C紙板的短邊對齊A紙板的一側短邊，並用白膠黏貼固定。

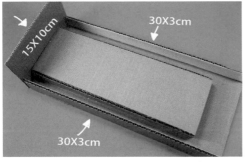

3 分別把B紙板和D紙板黏貼在步驟2的兩側和底邊。

4 將曬衣夾夾在中間的紙板上，再用泡棉膠把2根細紙吸管貼在曬衣夾上。

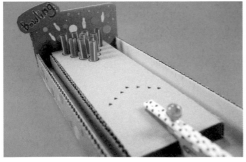

5 利用色筆和圓點貼紙裝飾保齡球道，最後再剪10根長3公分的粗吸管擺放在球道上，完成。

科學放大鏡

彈珠被移置吸管軌道上方，距離保齡球道有段高度差，具有重力位能；滾落過程中，彈珠減少的重力位能轉換成運動的動能；落至球道時，彈珠的重力位能為零、動能最大，使彈珠有足夠的能量撞倒吸管球瓶。

你也可以將保齡球瓶改成圓洞，讓彈珠滾入洞內。孩子在遊戲過程中可以探索成功進洞與球速的關聯性，同時鍛鍊手眼協調能力。例如下圖是將紙盒盒蓋兩端挖洞，利用兩腳釘把當作發射座的曬衣夾固定在紙盒上，採兩人對戰的方式，將彈珠滾入對方的洞內，最後看盒底誰滾進的彈珠較多者獲勝。

生·活·裡·的·科·學

將彈珠擺設在不同高度會產生不同的撞擊力道，原理就如同投擲保齡球時的基本技巧。因為保齡球很重，單靠手的力量會比較費力，仔細觀察玩家的投擲方式可以發現，過程中會將球向後抬起，再利用球的重量，以肩膀當作軸心，球當作鐘擺，如同鐘擺般的方式拋出。這個過程就是先讓球抬高而產生重力位能，下擺時能量轉換為動能，讓球拋出時具有較大的能量將球瓶擊倒。

這個活動簡單好上手，如果你想要更快速的做好底座，也可以利用餅乾紙盒，直接在兩側貼上檔板，就可以快速完成球道底座。

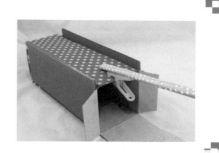

趣 味
互動機關

不知是他轉動風車，還是他被風車轉著動的搖擺偶；可以舉起物品的
大力士鍬形蟲；能夠一邊滑降、一邊拍動翅膀的飛鳥……運用齒輪、
槓桿、連桿等常見的機械原理，逗趣益智的互動機關玩具誕生！

22 氣動大嘴怪

難易度指數 ♠♠

材料 & 工具

- 牛奶盒　1個
- 12毫升塑膠針筒　2個
- 5公厘透明塑膠管　20公分
- 白色美術紙
- 黑色卡紙（厚）
- 黑色壓克力顏料
- 活動眼
- 廚房紙巾
- 色筆
- 畫筆
- 鑽子
- 剪刀、美工刀、尺
- 膠帶
- 泡棉膠
- 雙面膠

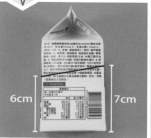  

1 牛奶盒洗淨後，如圖所示分別在牛奶盒的正面與背面畫上裁切標線並剪開。

2 將牛奶盒打開後，連接處的兩端各剪開2公分。

3 牛奶盒的內外都塗上黑色壓克力顏料。

4 在盒子正面下方鑽出直徑5公厘的小洞，在背面下方割出直徑約2公分的圓孔。

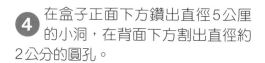

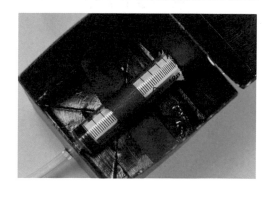

5 將針筒從背面的圓孔穿入盒中，再把透明塑膠管從正面洞口穿入並緊緊套在針筒前端，然後以膠帶將針筒固定在盒底。

6 剪一段長約10公分、寬約1.5公分的黑色卡紙，一端以泡棉膠黏貼在針筒的活塞把上，另一端往下摺1.5公分以雙面膠黏貼在背面盒蓋下緣。

7 用紅色色筆在廚房紙巾上隨意點塗後撕成長條狀，並在白色美術紙上畫上眼睛和牙齒後剪下，接著以雙面膠隨意黏貼在牛奶盒上。

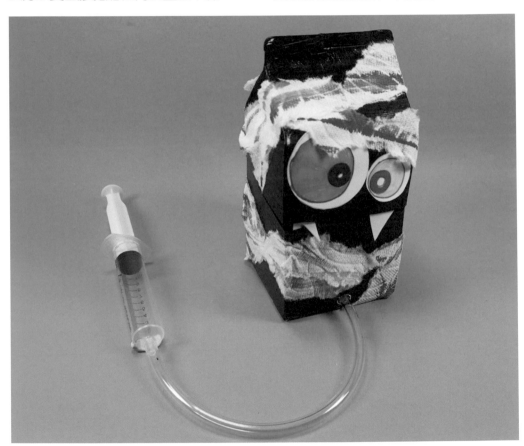

8 最後在透明塑膠管的另一端套入另一支活塞已拉開的針筒，將活塞往下壓，怪獸嘴巴就會張開，將活塞往外拉開時，嘴巴就會合起來囉！

除了用廚房紙巾將大嘴怪裝飾成木乃伊外，也可以用熱熔膠在盒子表面隨意塗上線條或大小圓點，等膠乾了之後，以畫筆沾些許銀色壓克力顏料輕輕刷在盒面上，會有不一樣的效果喔！

 手作小撇步

1. 將針筒與透明塑膠管穿入牛奶盒中時，此時針筒裡的活塞是在針筒刻度「0」的位置。而透明塑膠管的另一端，則是將針筒活塞拉到刻度「11」的位置後在插入塑膠管中，才有足夠的氣體來推動活塞喔。

2. 連接盒蓋與針筒活塞的紙條盡量使用有些厚度的卡紙來做，這樣盒蓋打開時才足以支撐盒蓋本身的重量，而不至於發生盒蓋會往後倒且蓋不回來的情形！

生活中有許多常見的液壓或氣壓應用，例如汽機車的油壓煞車氣筒，還有公車車門開啟時，你可以在轉軸處看到的氣壓缸，甚至會聽到氣動的聲音。此外，在怪手、液壓起重機等大型機具上，也都可以看到氣壓或油壓缸的應用。

**科　學
放大鏡**

　　如圖所示將2個大小相同且緊密連結的針筒推來推去，會發現另一個針筒總是跟著移動，這是因為當我們對一個密閉容器內的流體（氣體或液體）加壓時，這個壓力會傳遞至流體的各個部分和容器壁面，這樣的現象就稱為帕斯卡原理。但再仔細觀察，你會發現針筒內如果是空氣，將一個針筒完全推至底部，另一端的針筒卻不會完全被推開，這是因為氣體可以被壓縮，如果針管裡注入的是水，就可以完全被推過去囉！更進階的帕斯卡原理應用在於利用兩邊活塞大小不同，讓人們可以施較小的力氣就抬起重物。

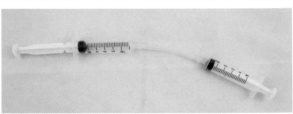

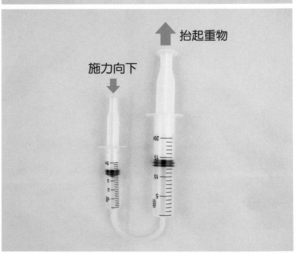

抬起重物

施力向下

23 風車搖擺偶

材料 & 工具

紙杯　1個	衛生紙捲　1個
細紙吸管　1支	粗紙吸管　1支
毛根　1/2條	白色卡紙
色筆、鉛筆	剪刀、尺
泡棉膠	雙面膠

1 將紙杯剪成一半,只取下半部。

2 下半部紙杯剪成放射狀,然後把葉片斜向往外摺後以油性色筆上色。

3 剪開細紙吸管前端約1公分後攤開,並以雙面膠黏貼在紙杯杯底中央。再剪長約1公分的粗紙吸管套在細吸管靠近杯底處。

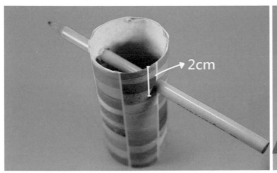

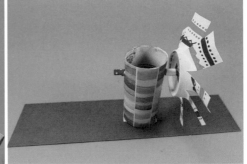

④ 為紙捲上色或貼上色紙後，在紙捲兩側距離頂端2公分處鑽洞，然後以泡棉膠固定在紙板上，接著把細吸管穿入紙捲洞口，並剪掉過長的部分。

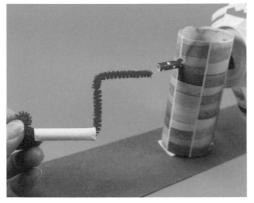

⑤ 將毛根套入4公分長粗吸管後折成ㄅ字型，然後將一端塞進細吸管內。若覺得太鬆，可再剪一小段毛根塞入吸管中。

⑥ 在白色卡紙上畫出紙偶的頭、身體和雙臂（或利用書末紙模），上色後先將兩隻手臂黏貼在紙偶的身體上，接著再將紙偶的雙腳和雙手分別黏貼在紙板和粗吸管上。

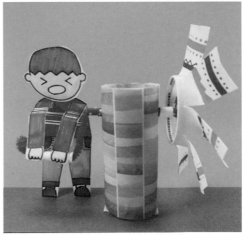

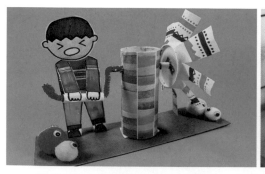 

7 最後可以在紙板上黏貼幾顆小毛球或是小物件當裝飾，讓整個畫面更有趣味！將風車朝向風扇，此時風車會開始轉動，人偶也會跟著動起來喔！

創 意 變 變 變

到底是風車帶著小男孩擺動，還是小男孩轉動風車呢？看久了還真會讓人有點產生錯覺，是不是很有趣呢？大家也可以發揮創意，試試將小男孩紙偶變成一條長長的可愛小蟲，隨著風車的轉動而上下扭動，或是一隻會跳上跳下的小兔子喔！

 手作小撇步

1. 除了利用紙捲來架風車外，也可以試試用餅乾盒、紙杯或是氣球棒等物品來支撐。

2. 範例中轉動風車的轉軸是以1/2條毛根製作，但有時在轉動過程中會因為紙偶的重量而變形，建議可以將完整的毛根對折纏繞後再拗成ㄣ字形增加強度，比較不容易變形。

仔細觀察生活中的扇葉，會發現上頭除了有斜角外還帶有扭轉的曲面，這樣的設計有助於讓風力更集中喔！

小男孩跟著風車一起擺動的結構在生活中很常見，例如腳踏車與踏板銜接的曲柄，配合踩踏過程，小腿為連桿、大腿為搖桿，屁股與大腿相連的關節則為支點，就形成了曲柄連桿結構。

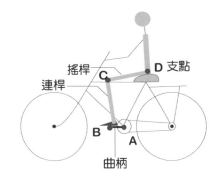

搖桿 C
連桿
D 支點
B A
曲柄

科學放大鏡

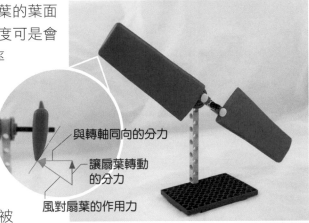

與轉軸同向的分力
讓扇葉轉動的分力
風對扇葉的作用力

你曾注意到扇葉的葉面是斜的嗎？它的角度可是會影響到扇葉轉動的效率喔！觀察扇葉的剖面圖，當風吹向葉面時，風垂直作用在葉面上的力量可以分為與轉軸同向的分力（也就是風力如果太大，扇葉或支柱會被吹斷的力量），以及讓扇葉轉動的分力，後者才是真正讓扇葉轉動的力量。

另外，這個小男孩可以跟著連動，則是應用了曲柄連桿結構，風車的轉軸連接著毛根曲柄產生轉動，整隻手為連桿牽引著身體，腳與地面黏貼處為固定支點，使身體能夠前後擺動。

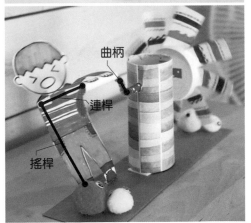

曲柄
連桿
搖桿

材料&工具

- 10公分×10公分白色卡紙　1張
- 15公分×1公分色紙　2條
- 細紙吸管　2支
- 中國結繩　35公分
- 色筆
- 剪刀、尺
- 雙面膠
- 膠帶

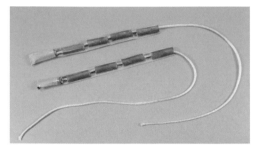

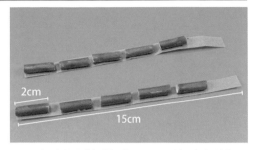

1 在白色西卡紙畫上長臂猿的頭、耳朵、身體和腳（或剪下書末紙模後貼在西卡紙上），著色後剪下並組合黏貼。

2 細紙吸管剪成2公分的小紙管，從色紙條的一端開始黏貼，2條色紙條各黏貼5個小紙管，每個小紙管約間隔0.5公分。

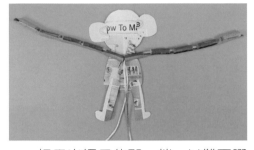

3 將中國結繩穿入紙吸管中，接著把多出的色紙反摺用膠帶與繩子黏貼固定。

4 把露出繩子的那一端，以雙面膠黏貼在長臂猿身體後面，變成長長的手臂。

5 將另一根吸管剪半，剩下的繩子穿過半根吸管，再把這半根吸管以雙面膠黏貼在長臂猿背後。拉動下方繩子，長臂猿的手臂就會上下擺動囉！

擺動雙手的長臂猿實在太可愛了，同樣的方法還可以變成大象長長的鼻子、恐龍長長的尾巴，甚至是可以抓起物品的大爪子。動動腦想想看，你會怎麼做呢？

科 學放大鏡

　　這個設計涉及槓桿概念，手臂彎曲的每個關節如同一組槓桿，彎曲處為支點，吸管與繩子接觸的地方為施力點，可以發現力臂很短，繩子拉扯時產生的力矩較小。如果選擇彈性較弱的紙張做關節則容易拉動，如果要讓結構更堅固，就要改用彈性更好的塑膠編織帶。

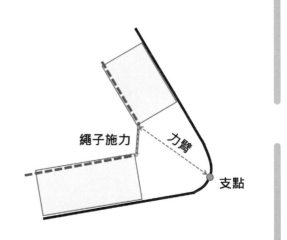

繩子施力　　力臂

支點

長臂猿伸伸手的設計概念類似人類的手指結構：每條拉繩如同肌腱，肌腱是連接肌肉與骨骼的強韌組織；每根吸管如同骨骼，當我們操控拉繩，機械手指向內彎曲，就如同肌肉透過肌腱拉動骨骼產生彎曲。

手作小撇步

1. 在色紙條上黏貼小紙管時，每個紙管的長度與相距的間隔，都會影響手臂彎曲的程度。間隔的距離越小，能彎曲的空間有限，相對的手臂彎曲的程度也越小。

2. 將2隻手臂黏貼在長臂猿身上時，長紙條朝下、朝上、朝前、朝後，都會影響手臂彎曲的方向，做的時候不妨試試看。

3. 如果想做能抓取重物的手爪，可以將紙條換成塑膠編織帶會較為堅固，也不會變形。

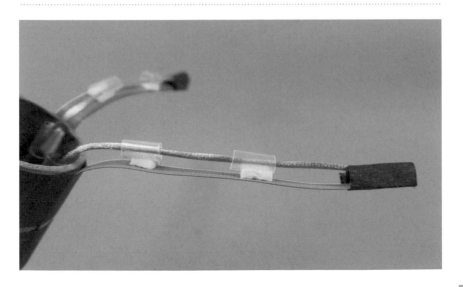

材料 & 工具

- 40公分編織帶　1條
- 10公分編織帶　2條
- 6公分粗吸管　1支
- 10公分毛根　3條
- 活動眼
- 泡棉片
- 色筆
- 剪刀、尺
- 膠帶
- 泡棉膠

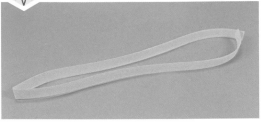

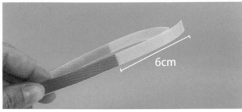

1 將40公分的編織帶對折。

2 把2條10公分的編織帶以膠帶固定在離編織帶兩端的6公分處。

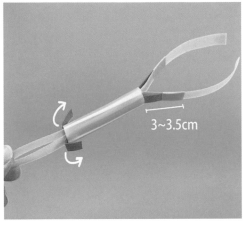

3 套入粗吸管,將吸管套在離編織帶交接處約3~3.5公分處,並將後方多出的編織帶往吸管前端折起。

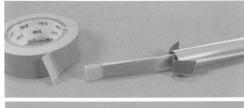

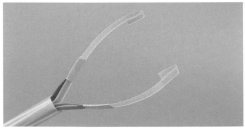

4 最後方的編織帶以膠帶纏繞相黏。前面兩端的編織帶則向內折1公分。

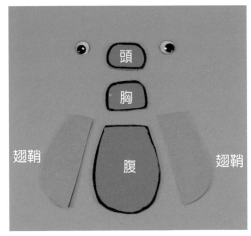

頭

胸

翅鞘　腹　翅鞘

5 在泡棉片上畫出鍬形蟲的頭、胸、腹,以及2片翅鞘並剪下。

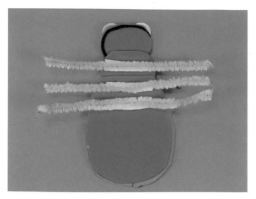

6 將頭、胸、腹等部位黏貼組合起來，最後再貼上活動眼。接著翻至背面，以泡棉膠將3根毛根黏貼在腹部。

7 再翻回正面，在腹部的左右兩邊各貼1片翅鞘。最後再把毛根折成像鍬形蟲的腳。

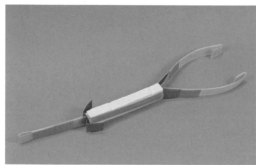

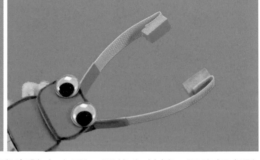

8 在吸管上方黏貼一小段泡棉膠後將蟲身貼在上面，最後在前端2個拗折處貼上泡棉，完成。

往前推

往後拉

9 一手抓緊吸管，一手捏住後方編織帶並往前推，此時鍬形蟲的大顎就會張開，夾住物品後，再把編織帶往後拉，大顎就會往內夾緊，將物品夾起。

你有看過傳統的手壓式抽水機嗎？它的結構也屬於固定滑塊曲柄機構，把手按壓處為連接桿，深灰色部分為曲柄，淺灰色直立桿連接內部的滑塊移動而抽水。

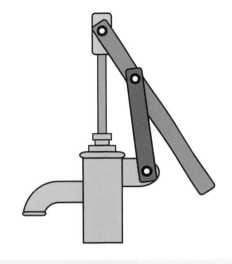

 創 意 變 變 變

用編織帶做成的大顎，力氣到底有多大？不妨先試夾身邊的各種文具，例如彩色筆、橡皮擦、白膠罐，甚至鉛筆盒。比比看，看誰家的鍬形蟲可以夾起最重的物品。又或者可以在起點擺放幾樣文具用品，以最快的時間將物品搬運至終點者獲勝。

1. 連接2條編織帶時，可先以雙面膠或泡棉膠暫時黏貼固定，以避免在纏繞膠帶時，編織帶脫落或滑動移位。

2. 在編織帶前端黏上泡棉片是為了增加摩擦力，讓機械手爪更容易抓住物品。如果沒有泡棉片，你也可以改貼砂紙、薄海綿等用品增加摩擦力。

　　這個作品使用了連桿機構中的滑塊曲柄機構，它是利用可移動的滑塊透過連接桿讓曲柄產生擺動：手拉的編織帶為滑塊，延伸出去的部分為連接桿，與外側作為曲柄的編織帶相接，推拉滑塊時，曲柄擺動使大顎開合。

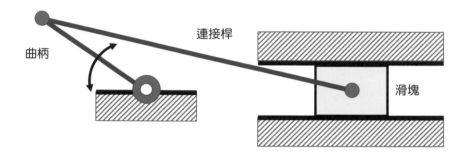

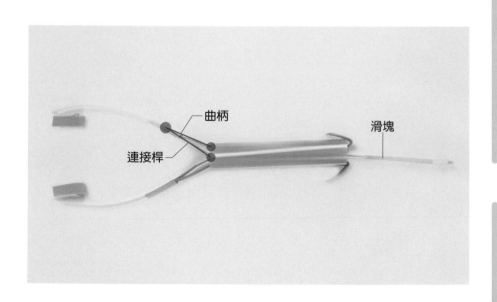

26 搖滾鼓手

難易度指數 ♠

材料 & 工具

- 白色卡紙　1張
- 細吸管　1支
- 粗吸管　1/2支
- 色紙
- 色筆
- 剪刀、尺
- 雙面膠
- 膠帶

1 在白色卡紙上畫出人形偶（或將書末紙模）上色後剪下（圖中人形偶中間虛線的區塊可隨意上色，在此為了方便示範，所以塗成2色）。

山摺線

谷摺線

2 如圖示將山摺線往前摺，並將中間實線的部分剪開。

3 將右邊的部分往後推，接著在黏貼處貼上手臂。

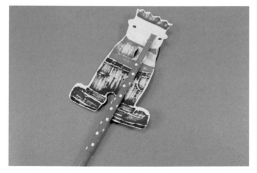

4 將人形偶翻到背面，接著將粗吸管套在細吸管外，細吸管頂端以膠帶黏貼在頭部右方，粗吸管則以雙面膠黏貼在身體右下方。

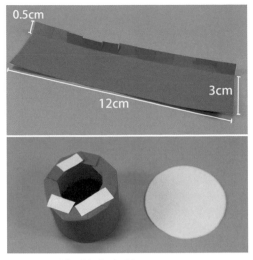

5 用色紙做出小鼓。

4 最後把鼓貼在人形偶下方，完成。一手拿著粗吸管，一手上下輕拉細吸管，小鼓手就會開始打鼓囉！

創 意 變 變 變

你可以和家人或朋友一起玩打鼓節奏遊戲，聽指令動作，錯誤者淘汰。例如：右手抬起來、左手拍下去、右手拍下去、左手抬起來、左手右手不拍鼓、右手抬起來……。

手作小撇步

利用紙張製作連桿機構需要注意結構強度，應盡量選擇150磅以上的紙張，如雲彩紙或西卡紙，比較不容易變形或塌陷。

連桿機構除了廣泛應用在機械設備，也可以在玩具中看到，透過連桿傳遞動力，讓玩具有更多的動作變化。

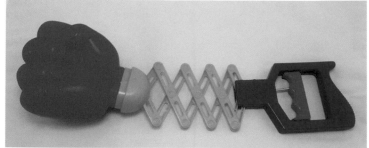

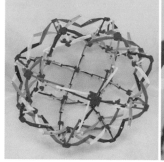

科　學
放大鏡

還記得我們前面介紹過的連桿機構嗎？靠近一點來看鼓手雙手擺動的紙張結構，彎折的部位就是連桿機構，每一段轉折即為連桿，凹折處就是轉軸，用手上下拉動紙張，靠連桿傳遞了動力，鼓手的雙手就繞著固定轉軸擺動。

27 家有惡犬

難易度指數
♠

材料 & 工具

- 餅乾紙盒　1個
- 2公分竹籤　1支
- 粗紙吸管　1支
- 色紙
- 剪刀、尺

- 兩腳釘　4個
- 橡皮筋　1條
- 鉛筆
- 黑髮夾
- 色筆
- 雙面膠

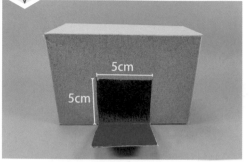

1 在紙盒的正面下方剪出一個ㄇ字型開口。

2 背面略靠近左側上方以鉛筆鑽個小洞。

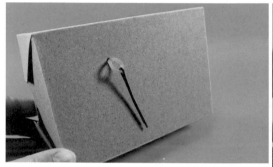

3 將橡皮筋套入黑髮夾穿過小洞後用竹籤固定。

4 在距離開蓋四角往內約1公分處各鑽1個小洞並套入兩腳釘,再將盒中的橡皮筋套入右邊內側的兩腳釘中。

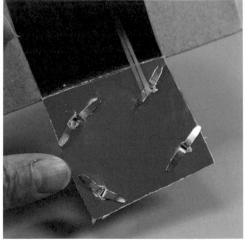

5 利用色紙分別貼上眼睛、眉毛、鼻子、耳朵和尖牙，再用色筆上色點綴。

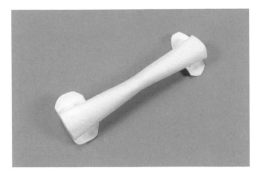

6 剪一段6公分的粗紙吸管，並在兩端貼上2塊長約1公分的半邊吸管當成骨頭。

7 將骨頭的一端稍稍頂住開口上方，另一端則抵在右外側的兩腳釘上，當有球或是異物撞掉骨頭時，惡犬的嘴巴就會快速的合起來囉！

手作小撇步

1. 請選擇材質硬一點的餅乾紙盒，以免拉扯橡皮筋時，盒子的結構因彈力而扭曲變形。

2. 橡皮筋的長度需等同嘴巴合起來時剛好沒有拉伸的程度。

1. **搶奪狗食大作戰：** 在惡犬口中放入數顆毛球，再把骨頭立起來頂住惡犬的嘴巴，接著每人輪流在不搖動或晃動紙盒的狀況下，用手從惡犬口中取出一顆狗食，若在拿取過程中碰觸骨頭導致惡犬嘴巴合起，就是此局的輸家。

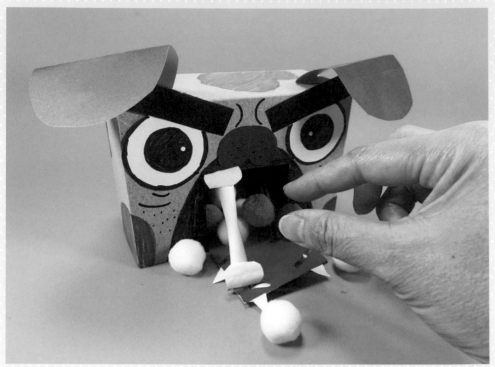

2. **解救惡犬：** 惡犬的嘴巴被骨頭卡住了！請利用彈珠打翻狗骨頭，讓惡犬可以順利把彈珠吃進嘴裡。

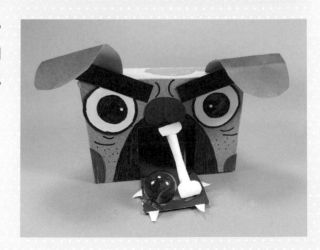

陷阱常運用簡單的機械裝置,經由碰觸引起機關連動,達到誘捕需求。捕鼠籠、捕鼠夾等正是家中常見的機關陷阱。

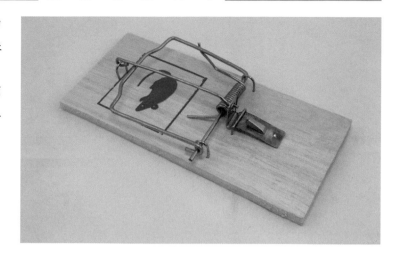

科 學 放大鏡

這是一個利用彈力與槓桿組合製作而成的陷阱玩具。從盒子的剖面側視圖來看,橡皮筋伸長的彈力會把嘴巴的開口拉起來,而狗骨頭頂住盒子也給予開口一個抵抗的力量,由於狗骨頭頂住的地方摩擦力很小,如果一不小心碰到,嘴巴就會合起來囉!

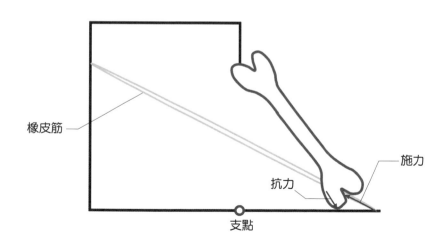

橡皮筋

施力

抗力

支點

28 慣性陷阱

材料 & 工具

- 10公分紙管　1個
- 11公分冰棒棍　數根
- 橡皮筋　1條
- 厚紙板
- 美術紙
- 活動眼
- 毛球
- 剪刀、美工刀
- 鉛筆
- 白膠

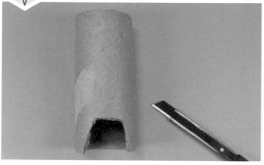

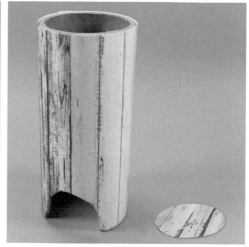

① 在紙管下方割出一個小洞後，外層黏上一層美術紙裝飾。接著在厚紙板上畫一個和紙管口徑大小相同的圓後剪下，並在表面貼上美術紙。

② 紙管下方內部貼上一小片紙坡道，以便讓小毛球落下後從洞口滾出。

③ 將冰棒棍以橡皮筋綁在紙管上，橡皮筋大約繞2圈即可，不用綁得太緊。

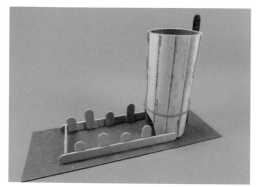

④ 用白膠把紙管固定在厚紙板上，再把冰棒棍黏貼在厚紙板上裝飾。

⑤ 將圓紙板放在紙管上方，最後把毛球貼上活動眼即完成。

6 將小毛球放在紙管上方，輕拉冰棒棍後放開，此時紙管上方的圓形紙片會被彈出，小毛球則會掉入紙管中，並從洞口滾出。

1. 年紀小一點的孩子若不擅長剪圓型，也可以直接用名片紙代替圓紙片。

2. 擺放陷阱蓋子時，靠近冰棒棍的一側盡量不要凸出紙捲太多，否則會產生一個斜上方的力量而彈飛（下圖為錯誤示範）。

我們可以拿各種大小不同的毛球，甚至在毛球底下黏一小塊黏土或金屬墊片來比較毛球進洞的效果。此外在紙管上方放小張的厚紙片或撲克牌，也能變成飛鏢發射器喔！

═══ 生 · 活 · 裡 · 的 · 科 · 學 ═══

慣性的作用很容易感受，例如乘坐交通工具時，原本處於靜止狀態的乘客在車子突然開動時，會受到慣性作用而向後傾。相反的，乘客原本和車子一同前進，但遇到緊急煞車時，乘客受慣性作用維持原本運動狀態，而使身體向前傾。

科學放大鏡

　　著名的牛頓第一運動定律「慣性定律」，解釋了這個遊戲應用的原理。慣性定律指的是在沒有任何外力作用的情況下，物體將一直保持靜止或進行等速直線運動。以這個遊戲來説，小毛球原本靜止停在蓋子上，當蓋子被快速彈出，小毛球仍保有維持在靜止狀態的特性，下一秒蓋子已經不在原位，就掉落到陷阱中了。

29 滑降飛鳥

材料 & 工具

- 紙杯　1個
- 12公分竹籤　1支
- 大毛球　1顆
- 色筆
- 紙膠帶
- 白色美術紙　1張
- 50公分細棉繩　1條
- 迴紋針　數枚
- 剪刀、尺
- 鉛筆／鑽子

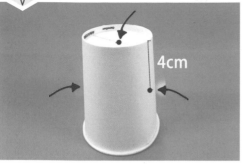

① 分別在杯底中心與杯身兩側距離杯底約4公分處鑽洞。

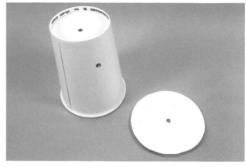

② 在白色美術紙上描出和杯口一樣大的圓並剪下,圓中心鑽洞。

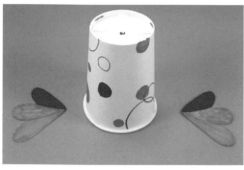

③ 用色筆在白色美術紙上畫出翅膀並剪下,接著也為紙杯上色。

④ 將竹籤穿入紙杯兩側洞口後,以紙膠帶把翅膀黏貼固定在竹籤兩端。

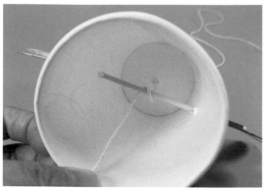

⑤ 細棉繩從杯底洞口穿入,並在竹籤上繞一圈,再穿過圓形紙片洞口。

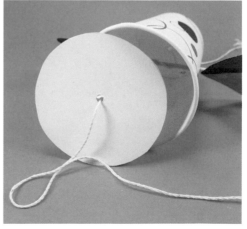

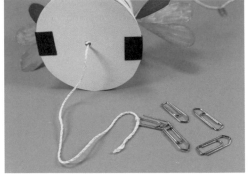

6 圓形紙片以紙膠帶固定在紙杯上，細棉繩的上下兩端各繫上1枚迴紋針，而下方的迴紋針可再多掛上3~5枚迴紋針。

7 一手拿著上方的迴紋針，讓棉繩自然垂下，然後慢慢增加或減少下方的迴紋針數量，飛鳥就會轉動翅膀並緩緩落下。

創·意·變·變·變

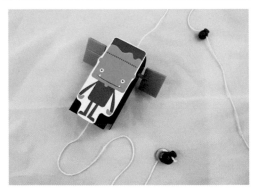

除了紙杯，也可以拿紙盒、塑膠牛奶罐、衛生紙捲和膠帶紙捲等材料，做出不同造型的滑降玩具。

科學放大鏡

飛鳥降落時能同時轉動翅膀的關鍵，是因為繩子繞過翅膀轉軸，當繩子拉緊時，和轉軸的摩擦力增加，以致落下時繩子會透過摩擦力帶動轉軸旋轉，屬於滾動摩擦的應用。

部分機械元件會透過摩擦力與軟性材料的張力來傳遞動力,例如電動鑽床的皮帶輪,2個輪子以橡膠皮帶相連,皮帶具有相當大的張力,能和輪子間產生夠大的摩擦力來帶動旋轉。

手作小撇步

1. 飛鳥的翅膀靠近杯子處最好剪成尖尖的形狀,避免轉動時翅膀和杯緣產生摩擦而卡住。如果造型不適合做成尖尖的形狀,也可以用吸管做套筒減少接觸。

2. 眼睛和翅膀的大小、間距要拿捏好,避免翅膀轉動時卡到眼睛。

3. 繩子下方的迴紋針重量會影響繩子的鬆緊度:繩子越緊,摩擦力越大。當摩擦力大於飛鳥的重力,飛鳥就不會掉下來,製作時需要微調才能順利轉翅;相反的,如果選用較重的盒子來製作身體,繩子下方就需要加掛重一點的物品。

科技創意

大 挑 戰

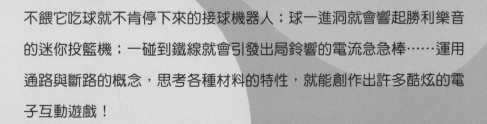

不餵它吃球就不肯停下來的接球機器人;球一進洞就會響起勝利樂音

的迷你投籃機;一碰到鐵線就會引發出局鈴響的電流急急棒……運用

通路與斷路的概念,思考各種材料的特性,就能創作出許多酷炫的電

子互動遊戲!

難易度指數
♠♠

材料＆工具

- A3白色美術紙
- 雙面導電的導電膠帶
- LED燈　1個
- CR2025鈕釦電池　1個
- 色筆
- 剪刀
- 紙膠帶

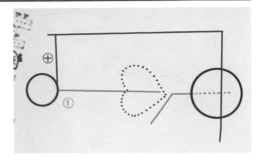

1 在白色美術紙上畫上圖案，圖案中必須含有預設的發光處和按壓開關處，以圖中為例，預設發光處為機器人頭上的發光器，而胸口的愛心則為按壓開關。

2 圖案位置設定好後，就可以在背面畫上電路配置圖。藍色線連接電池與LED燈的負極（短腳），紅色線則連接電池與LED燈的正極（長腳）。經過按壓開關處的藍色負極線路會是兩段分開的線路，呈現「斷路」的狀態。

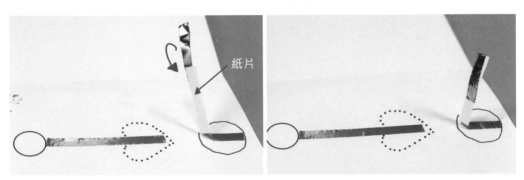

紙片

3 將導電膠帶貼在負極線路上，一條從LED燈的負極貼到按壓開關處，另一條則貼在電池的位置，並在導電膠帶中段的膠面貼上細紙片後，將剩餘的導電膠帶反折，長度約到可碰觸到按壓開關處的導電膠帶即可。

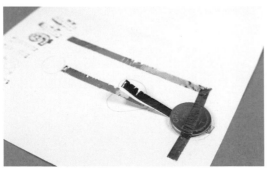

4 擺上電池後，將導電膠帶貼在正極線路上。

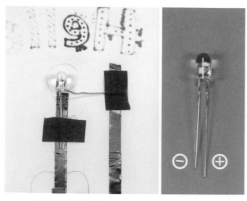

5 用紙膠帶將LED燈的正極（長腳）與負極（短腳）固定在導電膠帶上。

6 以手指按壓機器人的愛心（按壓開關處），它頭上的燈就會發光，手指一放開，燈就不亮囉！

生·活·裡·的·科·學

導電膠帶具有柔軟度和高導電性，常被用作電子產品中電磁波屏蔽或接地等功能，廣泛應用於電漿電視、液晶電視、手機、平板、電腦等眾多消費性電子產品。

科學放大鏡

　　市售導電膠帶常見的材質為銅箔或鋁箔，分為單面或雙面導電。雙面導電膠帶的背膠也具有導電的特性，直接黏貼搭接也可以導通，除了做工業使用，因為價格不貴，越來越多人利用它來進行電路教學與創作。

你也可以用導電膠帶設計一個電路迷宮,並在路線中設立LED燈當障礙物,底部貼有鋁箔紙的飛船必須小心通過障礙,若通過時導致LED燈亮起,則需回到起點重新挑戰。

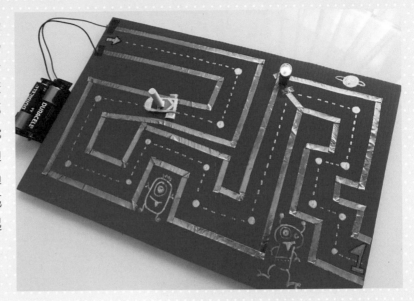

手作小撇步

1. 遇到線路轉彎處時,可先將導電膠帶斜向反折後再折往預定的方向比較不會破裂喔!

2. 導電膠帶也可以利用鋁箔紙貼上雙面膠來製作,差別在於只有單面能夠導電,就不能直接將電池貼上去。

3. 電池的型號不拘,3伏特的鈕釦型電池都可使用。

31 接球機器人

材料 & 工具		
紙杯　2個	馬達風扇電池組　1個	
3號電池　2個	電線	迴紋針　1枚
鋁箔紙	絕緣膠帶	透明投影片
螺母5/8分　2個	活動眼	剪刀、尺
紙膠帶	鉛筆	色筆
色紙	美工刀	泡棉膠

1 將其中一個紙杯的上半部剪成8片花瓣狀。可利用紙膠帶、色紙或色筆黏貼彩繪裝飾2個紙杯。

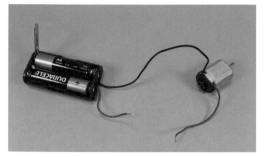

2 馬達分別接上電池座的負極（黑線）和一小段電線（紅線）。

3 先將馬達放至未剪裁的紙杯底部，稍微用轉軸在紙杯內戳出要露出轉軸的位置，再用鉛筆戳出小洞，接著以泡棉膠將馬達固定在杯底並將轉軸穿過小洞。再在杯底戳出2個小洞。

4 將馬達與電池座的紅線分別穿過杯底的小洞，接著以泡棉膠將電池座固定在紙杯內。翻至杯底，隨意選一條紅線並在它的下方貼上長3公分、寬1.5公分的鋁箔紙，接著以絕緣膠帶將紅線固定在鋁箔紙上。

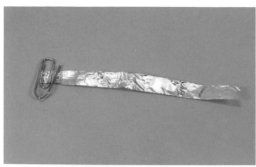
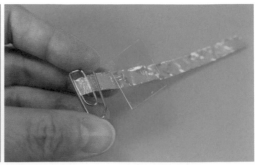

5 剪一段長8公分、寬1.5公分的鋁箔紙，在迴紋針的內圈上繞一圈，並將迴紋針（內圈朝下）夾在長4公分、寬2公分且稍微對折的透明投影片上。

6 將透明投影片放在杯底，有迴紋針的那端放在貼有鋁箔紙的位置。夾著迴紋針的鋁箔紙往另一側延伸至另一條紅線的位置，剪除多餘的部分後以絕緣膠帶將紅線黏貼固定在鋁箔紙上。可在迴紋針上方黏貼1顆小螺母增加重量，讓迴紋針上的鋁箔紙和杯底的鋁箔紙更能緊密的接觸。

7 割掉花瓣狀紙杯杯底，並用紙膠帶將它黏在另一個紙杯杯底。接著在馬達轉軸上套入貼有螺母的葉扇。

8 可在花瓣狀紙杯內壁貼一小塊紙片，讓掉入的乒乓球能夠正確落在翹起的投影片上。

9 最後再貼上活動眼與四肢，完成。裝入電池，打開電源，接球機器人就會開始震動並慢慢移動，直到球投入上方紙杯，才會停止晃動安靜下來。

這是個相當有趣的科學玩具，機器人在造型上可以有很多的想像，利用紙杯就能做出變化，像是吞球的外星人，或是吃到球才能安靜下來的大嘴獸。此外，還可以和家人朋友們同樂，最先將球投入紙杯中就是獲勝者。

1.在紙杯或是圓筒上畫平行標線時，可選擇高度適當的物品來輔助，例如將鉛筆固定在膠帶捲上方，然後轉動紙杯，就能輕鬆快速的在紙杯上畫出平行標線。

2.塑膠片的厚度不同，彈力也不同，可以根據使用的球的重量來尋找適合的塑膠片，甚至也可以試試看西卡紙喔！

藉由按壓來啟動開關的設計非常多，多半會因應使用需求來設計，以常見的輕觸開關為例，按壓鍵內部為具有彈性的金屬簧片，按下時可以使電路導通，啟動喇叭發出聲響。

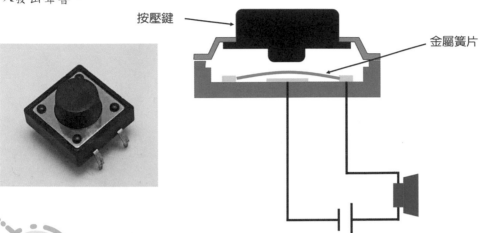

按壓鍵

金屬簧片

科 學
放大鏡

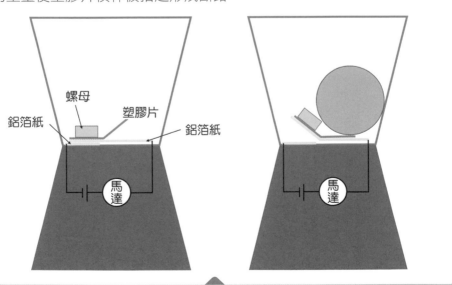

從按壓開關的結構中不難發現，按壓鍵都需要有個回彈的機構，這個玩具則巧妙運用槓桿原理來製作按壓開關。當杯中沒有球時，塑膠片槓桿的導電端壓在電路上形成通路；當球掉入時，球的重量使塑膠片槓桿被抬起形成斷路。

螺母

鋁箔紙

塑膠片

鋁箔紙

馬達

馬達

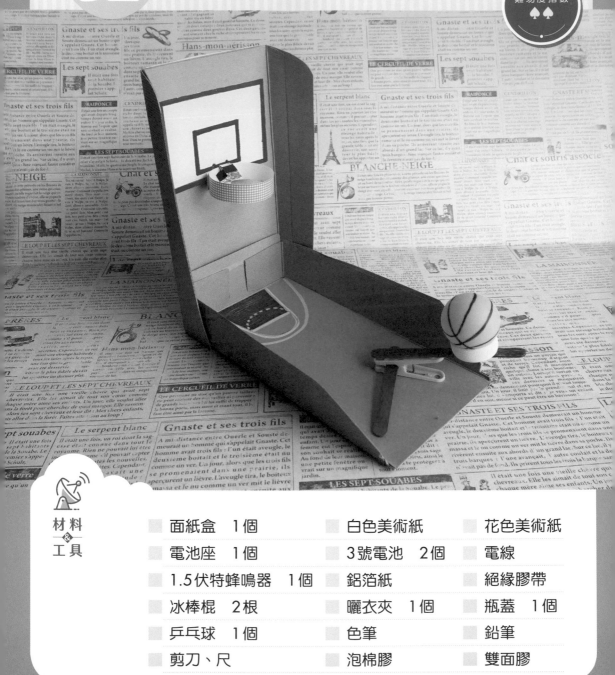

<table>
<tr><td>材料
&
工具</td></tr>
</table>

☐	面紙盒　1個	☐ 白色美術紙	☐ 花色美術紙
☐	電池座　1個	☐ 3號電池　2個	☐ 電線
☐	1.5伏特蜂鳴器　1個	☐ 鋁箔紙	☐ 絕緣膠帶
☐	冰棒棍　2根	☐ 曬衣夾　1個	☐ 瓶蓋　1個
☐	乒乓球　1個	☐ 色筆	☐ 鉛筆
☐	剪刀、尺	☐ 泡棉膠	☐ 雙面膠

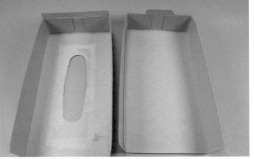

1 將面紙盒裁成上（有洞）、下兩半，並各將其中一側短邊剪掉，另一側短邊則黏好固定。

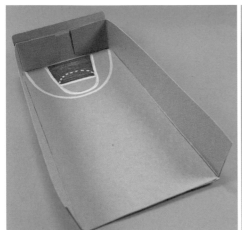

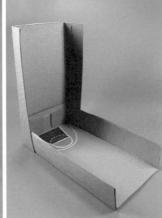

2 上半部有洞的部位貼上畫有籃球場圖案的美術紙，再將下半部短邊朝下直立，並黏貼在上半部的短邊。

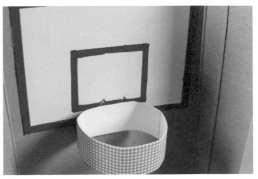

3 用白色美術紙畫出籃板（長10.5公分×寬7.5公分），再貼在直立的面紙盒上。再剪一段長20公分、寬1.5公分的美術紙黏成一個比乒乓球再大一點的籃框黏貼在籃板的下方，並以鉛筆在籃板上鑽出2個小洞。

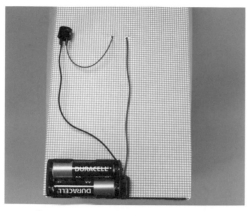

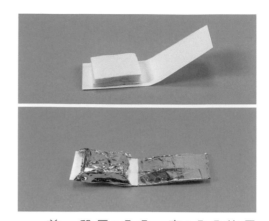

④ 翻至背面，以泡棉膠將蜂鳴器和電池座固定在面紙盒上。電池座的負極（黑線）接到蜂鳴器的負極，電池的正極（紅線）穿入畫面中右邊的洞中。而蜂鳴器的正極則另外接上一條電線（紅線）穿入畫面中左邊的洞中。

⑤ 剪一段長5公分、寬1公分的長方形美術紙，將它對摺後打開，其中一邊的中間貼上2層泡棉膠，接著兩邊各用鋁箔紙包起來且紙條中間（對摺處）要留有空隙不重疊。

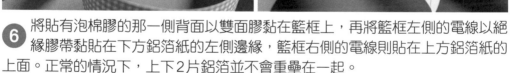

⑥ 將貼有泡棉膠的那一側背面以雙面膠黏在籃框上，再將籃框左側的電線以絕緣膠帶黏貼在下方鋁箔紙的左側邊緣，籃框右側的電線則貼在上方鋁箔紙的上面。正常的情況下，上下2片鋁箔並不會重疊在一起。

⑦ 以泡棉膠把冰棒棍黏在曬衣夾上，並在冰棒棍靠近尾端處貼上瓶蓋，曬衣夾中間再夾另一根冰棒棍。

8 利用曬衣夾投石器將兵乓球投入籃框中，此時掉入籃框的兵乓球會按壓到籃框中的紙片使2片鋁箔紙因接觸而導電，蜂鳴器就會響起表示得分。

創·意·變·變·變

除了厚紙片外，也可以利用透明投影片、霧面塑膠片等材料來做成像是電動俄羅斯轉盤的按壓開關。

手作小撇步

鋁箔紙片開關當中的紙片若過長，反而會擋住落入籃框的兵乓球而無法進球。但太短的話，也會讓掉落的兵乓球無法碰觸到紙片而無法導電。建議在安裝時，拿兵乓球多試幾次來調整。

我們也能在電子元件中看到利用槓桿原理來輔助啟動開關的設計，這樣的設計就稱為微動開關。如下圖所示，當槓桿受到外力按壓，就能輕鬆觸動內部的金屬簧片，達到接通或斷開的目的。

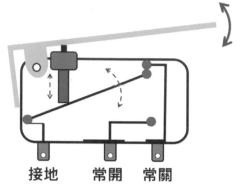

接地　　常開　　常關

科　學
放大鏡

球進入籃框按壓到摺起來的鋁箔紙開關，開關運用槓桿原理，讓球按壓形成通路啟動蜂鳴器。

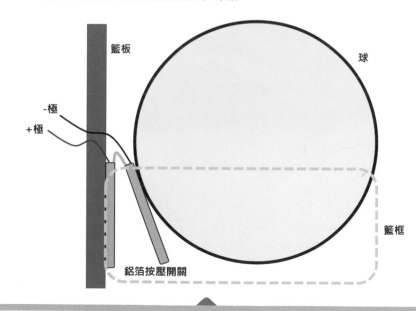

籃板

球

-極
+極

籃框

鋁箔按壓開關

難易度指數 ♠ ♠

- A4白色美術紙　1張
- 花色美術紙
- CR2025鈕釦電池　1個
- 絕緣膠帶
- 色筆
- 泡棉膠
- A5藍色美術紙　1張
- LED燈泡　1個
- 導電膠帶
- 彩色紙膠帶
- 剪刀、尺
- 雙面膠

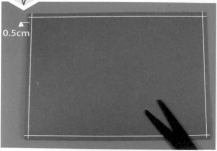 

① 將 A5 的藍色美術紙每邊各剪去 0.5 公分後對摺，A4 白色美術紙裁成兩半，其中一半對摺。再將對摺後的藍色美術紙以雙面膠貼在對摺的白色美術紙上。

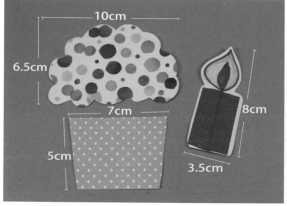

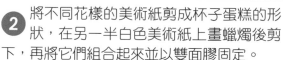

② 將不同花樣的美術紙剪成杯子蛋糕的形狀，在另一半白色美術紙上畫蠟燭後剪下，再將它們組合起來並以雙面膠固定。

③ 翻到背面，在蠟燭的右側割出 2 條相距約 1.5 公分、長約 1 公分的開口。將約 3 公分的導電膠帶穿過上方開口後，一半貼在背面，一半貼在正面。

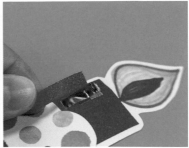

④ 再將導電膠帶（正面朝上）穿過蠟燭背面下方的開口。正面約露出 1.5 公分的導電膠帶，撕去導電膠帶背膜後黏上紙膠帶裝飾。

⑤ 再翻回背面，將電池擺在下方左側，然後在蠟燭下方缺口往下貼導電膠帶，最後左轉貼到鈕釦電池上。接著翻開電池，在左側黏貼一段導電膠帶至鈕釦電池下方，並將 LED 的正負極以絕緣膠帶固定在兩側的導電膠帶上，鈕釦電池也以絕緣膠帶固定。

⑥ 用泡棉膠將杯子蛋糕黏在卡片上，最後再以紙膠帶和色筆彩繪裝飾，完成。輕輕朝著蠟燭吹氣，LED 燈就會亮起來囉！

吹氣風扇：以紙杯為主體，利用導電膠帶輕薄特性的風吹開關和馬達、葉扇相結合，就變成一個逗趣好玩、朝開關吹氣就會轉動的風扇囉！

手作小撇步

1. 也可以用鋁箔紙代替導電膠帶，只要在鋁箔紙後面貼上雙面膠即可。

2. 將電池負極的那一面接上導電膠帶時，請避免同時貼到正負極形成短路。

短路

一極

＋極

科學放大鏡

前面單元介紹過通路與斷路的概念，這次利用導電膠帶輕薄的特性，搭配風吹就可以變成一個簡單的風吹開關。想一想，生活中還有哪些材料經過組合，也可以設計出好玩的創意開關。

生・活・裡・的・科・學

振動開關就是利用材料的特性來製作開關的實際例子之一，它的內部由導電彈簧與導電金屬棒構成，搖晃的時候，彈簧觸碰到中間的金屬棒就會形成通路。

34 磁力餅乾

材料&工具

- 紙盒（長11.5公分×寬7.5公分×高18.5公分） 1個
- 3號電池 2個
- 燈泡電池組 1組
- 絕緣膠帶
- 壓克力顏料
- 泡棉膠
- A5影印紙
- 色紙
- 迴紋針 1個
- 色筆
- 雙面膠
- 鋁箔紙
- 電線
- 磁鐵 1個
- 美工刀

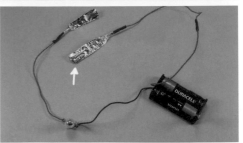

① 紙盒的正面割出一個方形後,可用壓克力顏料上色或是以美術紙裝飾。待顏料完全乾後,再貼上小羊的圖案(設定小羊為「斷路」的位置)。

② 組合線路:電池座的負極(黑線)連接燈泡,正極(紅線)連接另一條電線(紅線)加長,並在尾端連接夾有迴紋針的鋁箔紙片。燈泡的另一端接上電線(紅線),尾端一樣連接鋁箔紙片(無迴紋針)。在電線與鋁箔紙片的連接處可黏上絕緣膠帶纏繞固定,避免電線從鋁箔紙中脫落。

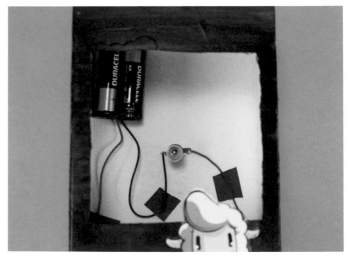

③ 以泡棉膠將電池座和燈泡固定在紙盒內,並用絕緣膠帶將電線貼在紙盒上。

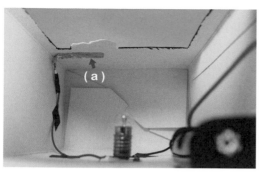

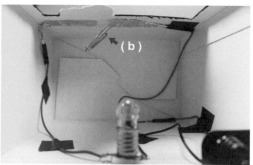

④ 把沒有夾迴紋針的鋁箔紙（a）以雙面膠貼在小羊背面的紙盒上。接著將雙面膠貼在夾有迴紋針的鋁箔紙（b）的中後側，然後貼在距離鋁箔紙（a）約1公分處，讓迴紋針與鋁箔紙（a）稍微重疊但不接觸。最後用膠帶將電線黏好固定。

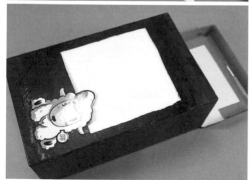

⑤ 將A5影印紙對摺後打開，在其中一半以黑筆畫上圖案。畫好後再將紙合上，周圍以雙面膠黏合，然後再以雙面膠貼在紙盒內。

⑥ 最後再以色紙包裝磁鐵當成餅乾，完成。把磁鐵靠近小羊，紙盒裡的燈泡就會亮起來囉！

相同的作法可以做出更多的變化，從單一燈泡變成3
個燈泡的並聯，做成可以控制燈號的紅綠燈喔！

手作小撇步

鋁箔紙本身比較輕薄，可能
無法支撐迴紋針的重量，建
議可將鋁箔紙剪寬一些（約
5公分寬），摺成3摺後再夾
上迴紋針。鋁箔紙厚度變厚
才不會因為迴紋針的重量而
扭曲變形，影響接觸導電的
效果。

生活中不乏用磁鐵來啟動開關的裝置，門窗的防盜警報器就是一例。防盜器中裝有磁簧開關，它是由玻璃管內裝有2片非常靠近的金屬片所製成，外部另一個白色小盒子內裝有磁鐵，當磁鐵靠近時，2個金屬片會被磁化而相互吸引，透過電路讓蜂鳴器關閉；當磁鐵移開時，磁簧開關斷開，電路啟動蜂鳴器發出聲響。

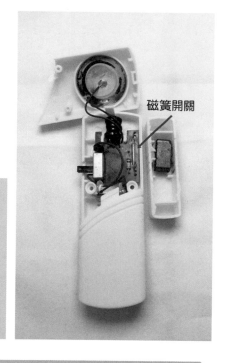

磁簧開關

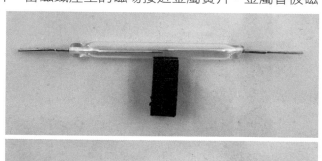

**科　學
放大鏡**

　　利用磁鐵可以吸引具有導電性的迴紋針來製作開關的概念跟磁簧開關相似。磁簧開關中密閉的玻璃管內有2片尖端非常靠近且能夠重疊的金屬簧片，當磁鐵產生的磁場接近金屬簧片，金屬會被磁化，當磁力超過彈力時，金屬片就會互相吸引形成導通電路，磁鐵移開磁場消失後，金屬片由於本身的彈性而分開，形成斷路。

35 翻轉跑車

材料
&
工具

- 保鮮膜紙盒　1個
- 鋁箔紙
- 彈珠　1個
- 迴紋針　2枚
- 8×4.5公分的透明投影片
- TT塑膠直流減速馬達　1個
- 電線
- 膠帶
- 電池座　1個
- 3號電池　2個
- 瓦楞紙板
- 細紙吸管　1支
- 粗紙吸管　1支
- 剪刀、尺
- 鉛筆、圓規
- 泡棉膠
- 雙面膠
- 熱熔槍

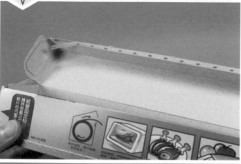

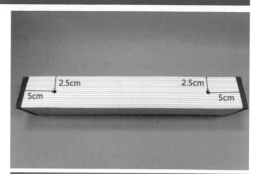

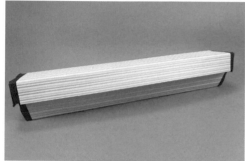

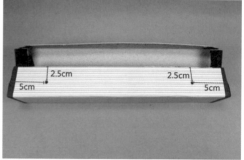

① 小心拆下保鮮膜紙盒上的鋸齒片，再黏上美術紙裝飾。

② 如圖所示分別在紙盒的兩側戳出2個洞。

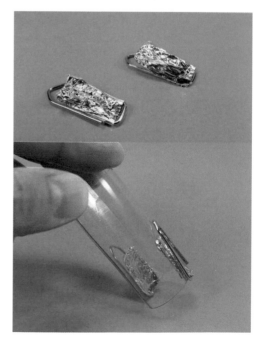

③ 剪一小塊鋁箔紙把彈珠包起來。將透明投影片捲成筒狀，直徑大小約比彈珠略大一些，讓彈珠可以在筒內上下滾動。

④ 在2枚迴紋針的內圈包上一層鋁箔紙後，分別別在塑膠管兩側，內圈的部分朝內。

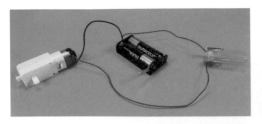

5 電池盒的負極（黑線）連接馬達，正極（紅線）連接塑膠管上的迴紋針。再拿另一條電線（紅線）連接另一枚迴紋針和馬達。

6 後輪放置馬達的位置先黏上紙板墊到適當高度後，再以泡棉膠把馬達（馬達兩側的轉軸要對準紙盒的孔洞）、電池座和塑膠管（迴紋針在下方）黏貼在紙盒內。

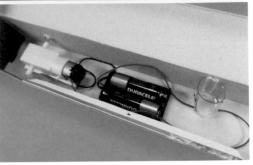

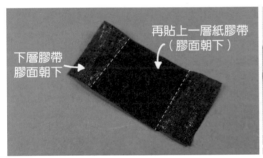

下層膠帶膠面朝下

再貼上一層紙膠帶（膠面朝下）

7 在一層膠帶的膠面中央再黏上一層膠帶（膠面朝下），接著把膠帶貼在塑膠管上端，避免彈珠滾出。

8 剪一段長8公分的細紙吸管，穿入前端的洞口。在馬達兩端的轉軸貼上雙面膠，再剪2段約4公分的細紙吸管，由外而內穿進洞口並套入轉軸。

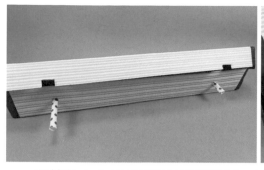
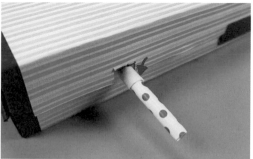

9 將輪軸上方的盒蓋剪出2個缺口，以便讓盒蓋可以完全蓋下。再剪4支約1公分長的粗吸管套在各個細紙吸管上。

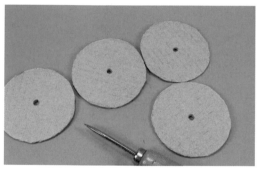

10 在瓦楞紙板上畫出4個半徑4公分的圓並剪下，用鉛筆或鑽子將圓心鑽大一些，再將圓紙板套入輪軸中，最後以熱熔膠將紙板黏貼固定。

11 用膠帶將盒蓋與盒身貼合起來，避免盒蓋掀開，完成。車子正面朝上放在平面上會往前進，將車子反過來後，則會停住不動。

你也可以將翻轉開
關藏在燈箱裡，變
成一個看似沒有開
關的光影燈，要開
啟燈光，你就必須
把盒子翻轉過來。

手作小撇步

電流的方向會影響
馬達轉動的方向，
所以在組裝馬達之
前可以先接上電池
的正負極，確認馬
達轉動方向後，在

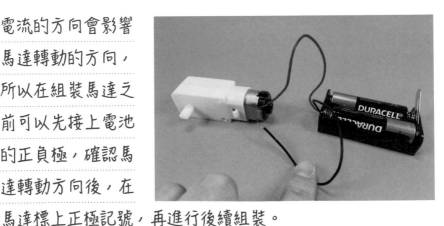

馬達標上正極記號，再進行後續組裝。

在電子元件中也可以看到藉由翻轉就能啟動的開關，例如水銀開關與滾珠開關。
電子元件容器內裝有水銀或鋼珠，受到重力作用會往低處滾動，如果同時接觸到
2個電極，就會形成通路。通常用來做檯燈、電熱器等家電的防傾功能，這類家
電一旦傾倒就會斷電。

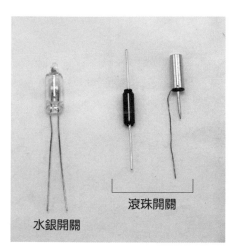

滾珠開關

水銀開關

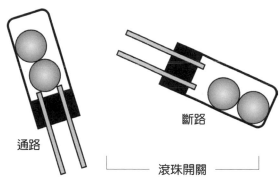

通路

斷路

滾珠開關

科 學
放大鏡

以為這台車藏有什麼神秘的機關
對吧!?其實它只是運用了滾珠開關的概
念。在電路斷開處接上迴紋針，並包覆鋁
箔紙增加接觸面積，別在塑膠圓桶兩端，
圓筒內放置包覆鋁箔紙的彈珠，翻轉時彈
珠受重力作用而落下，並因為鋁箔紙可以
導電，使原本斷路變成通路而驅動馬達。

36 震動小蟲

材料 & 工具

- 20公分×10公分紙板　1片
- 馬達風扇電池組　1個
- 螺母 5/8分　1個
- 各色毛線
- 泡棉膠　　　紙膠帶

- 洗衣刷　1個
- 3號電池　2個
- 活動眼
- 毛球
- 剪刀

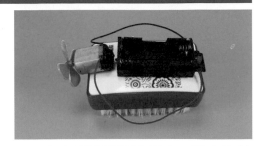

1 將電池座的線路接在小馬達上，並將小葉扇套入馬達轉軸。

2 在小馬達和電池座底下貼上泡棉膠，小馬達黏在洗衣刷一端置中的位置，並稍微凸出邊緣，電池座則黏在小馬達後方。

3 用泡棉膠將螺母黏在其中一片扇葉上。

4 用紙膠帶將小馬達黏貼得更穩固，並把露出的電線收乾淨，然後裝入電池。

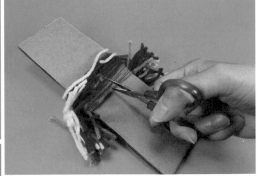

5 取一段毛線以膠帶黏貼在紙板兩端，接著在紙板中央纏繞約15圈的毛線後，解開紙板兩端的毛線在中間打結固定，翻至紙板背面，用剪刀在紙板中間剪開毛線。

6 剪開後的毛線貼上泡棉膠黏在電池上，修剪靠近葉扇處過長的毛線以免被捲入。

7 最後在靠近電池那端的洗衣刷邊緣貼上活動眼與毛球裝飾。打開電源，洗衣刷小蟲就會開始震動並到處移動囉！

手作小撇步

1.在安裝小馬達時要留意位置，避免葉扇轉動時卡到洗衣刷。

2.除了小葉扇和螺母外，也可以拿小的木製曬衣夾用泡棉膠黏在馬達的轉軸上。

1. **誰是相撲王？**：可兩兩對戰，或多人對戰。在桌上或地上用膠帶貼出一個大圓，將震動小蟲們放在圓形圈圈內，同時打開開關後，被擠出圈外的小蟲則淘汰，最後一隻留在圈圈內的小蟲就是相撲王。

2. **看誰跑得快？**：將洗衣刷刷毛往同一方向擠壓，使毛順方向一致就可以直線前進，而不會原地打轉，來一場直線賽跑。

生 · 活 · 裡 · 的 · 科 · 學

你曾留意到設成來電震動的手機，有來電時會在桌上亂跑嗎？它的原理就跟震動小蟲一樣，因為手機內裝有震動馬達（構造如右圖），轉軸上裝有偏心塊，轉動時會產生偏心震動。

**科　學
放大鏡**

當物體質量中心沒有位在旋轉軸上，轉動時就會無法穩定而產生震動。最簡單的觀察就是馬達轉動原本的葉扇時，並不會產生劇烈晃動，但在其中一片扇葉加上螺母後，質量中心改變，偏離旋轉軸，轉動起來就會產生劇烈震動，而且質量中心偏移越多，震動越劇烈。

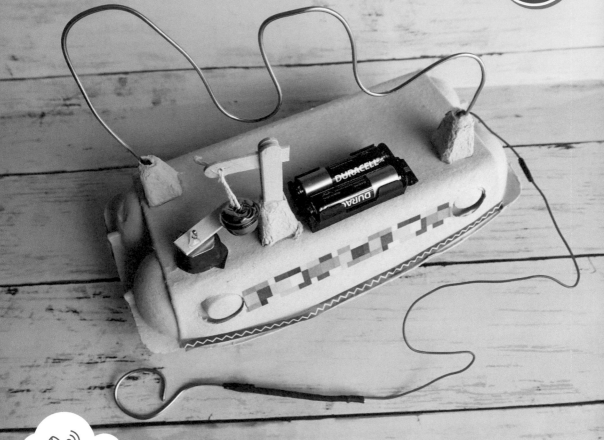

37 電流急急棒

材料
&
工具

- 蛋盒　1個
- 3號電池　2個
- 粗鐵線　20公分
- 絕緣膠帶
- 剪刀／鑽子
- 雙面膠

- 馬達電池組　1組
- 粗鐵線　45公分
- 冰棒棍　4根
- 細棉線
- 美工刀、尺
- 熱熔槍

- 電線
- 鉛筆
- 鈴鐺
- 泡棉膠
- 尖嘴鉗

1 剪下蛋盒內4個角錐上方約3.5公分並保留。

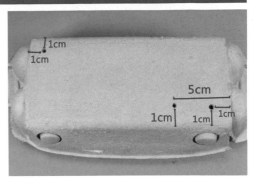

2 用鉛筆在盒蓋上戳3個洞，距離如圖所示。

3 用泡棉膠將電池座黏在距離邊緣5公分的洞口左側，並將電線穿入洞中。

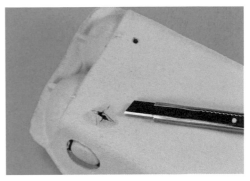

4 盒蓋的左下方割出長2.5公分、寬1.5公分的十字。

5 把小馬達由裡而外套在十字口內，再用絕緣膠帶把馬達固定在盒蓋上。

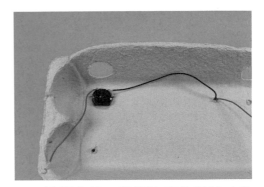

6 掀開盒蓋，將電池座的黑線（負極）連接在馬達上，馬達另一端則連接約10公分長的紅線（正極）。

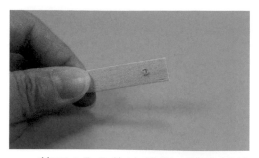

7 剪下4公分的冰棒棍，並在離剪裁邊緣1公分處以小剪刀或鑽子慢慢鑽出一個小洞。

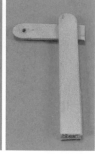

8 裁切2支7公分、1支4公分和1支3公分的冰棒棍，並在4公分的冰棒棍上鑽洞。

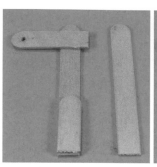

9 如圖分別將4公分和3公分的冰棒棍以雙面膠黏貼在2支7公分的冰棒棍中間。

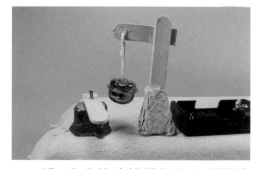

10 將4公分的冰棒棍插在小馬達的轉軸上，並用熱溶膠固定。再將組合好的冰棒棍插入剪下的1個角錐內，在冰棒棍和角錐底部塗上熱熔膠黏貼在盒蓋上，並將鈴鐺以細棉繩掛在上方的洞內，鈴鐺的高度剛好是馬達上的冰棒棍會敲到的高度。

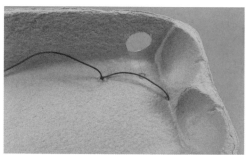

11 盒蓋的右方戳個小洞，將電池座的正極由洞口拉出盒外，接上長約20公分的電線並貼上絕緣膠帶。

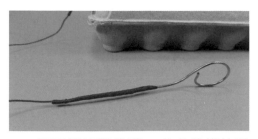

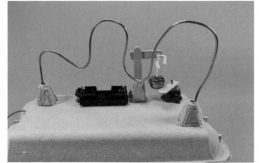

12 再用絕緣膠帶將20公分的鐵線固定在剛才接上的電線末端，鐵線末端則捲成一個圓圈。

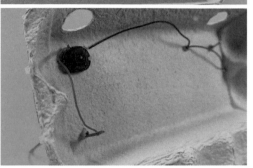

13 將2個角錐以熱熔膠黏在盒蓋左上方與右下方的洞口處。隨意拗折45公分的鐵線後，將鐵線兩端分別插入剛才黏好的角錐並穿入盒蓋的洞口。小馬達的正極線路纏繞在靠近馬達的鐵線上，完成。

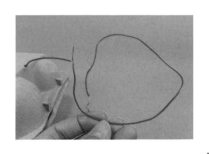

14 裝上電池，將步驟12做好的圈圈套入彎曲的鐵線內，打開電池座上的開關，手持握把小心的由起點出發至終點，避免讓圈圈碰觸到蛋盒上的鐵線，若碰到鐵線，鈴鐺就會被敲響，則須回到起點重新出發。

手作小撇步

連接2條電線時，可先讓2條電線並排，再用手指將它們搓捲在一起，最後再用絕緣膠帶包起來，這樣電線就不容易脫落了。

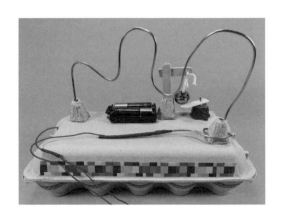

由於鐵絲並沒有完全黏死，所以可以視情況調整鐵絲的形狀來改變難易度，並挑戰在限時內完成任務。

生·活·裡·的·科·學

開關的應用無所不在，以家中最常見的單切開關為例（圖A），開關底下有四個洞（圖B），打開來看它的內部結構，兩兩洞口分別與左右兩邊銅片相通，中間銅片靠白色蓋子撥控，使電路相連（圖C）或斷開（圖D）。

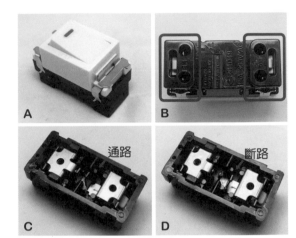

**科　學
放大鏡**

　　電流急急棒運用基本的通路與斷路概念，當金屬握把碰到鐵絲時，電路形成通路啟動馬達，帶動轉棒敲擊鈴鐺而發出聲響。

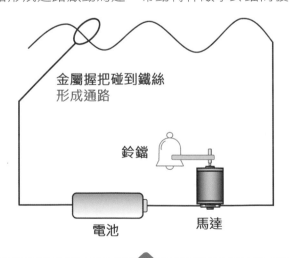

國家圖書館出版品預行編目資料

科學玩具總動員：37個引爆玩心、開發STEAM魂的科
學手作／許兆芳,潘憶玲著. -- 初版
 -- 臺北市：商周出版：英屬蓋曼群島商家庭傳媒股
份有限公司城邦分公司發行, 2020.12
 面； 公分. -- (商周教育館；42)
 ISBN 978-986-477-957-4(平裝)

1.科學實驗 2.通俗作品

303.4   109017523

商周教育館42

科學玩具總動員：
37個引爆玩心、開發STEAM魂的科學手作

作　　　者／	許兆芳、潘憶玲
插　　　畫／	張涵喬、許兆芳
企 畫 選 書／	羅珮芳
責 任 編 輯／	羅珮芳

版　　　權／	黃淑敏、吳亭儀、邱珮芸
行 銷 業 務／	周佑潔、黃崇華、張媖茜
總 編 輯／	黃靖卉
總 經 理／	彭之琬
事業群總經理／	黃淑貞
發 行 人／	何飛鵬
法 律 顧 問／	元禾法律事務所　王子文律師
出　　　版／	商周出版
	台北市104民生東路二段141號9樓
	電話：(02) 25007008　傳真：(02)25007759
	E-mail：bwp.service@cite.com.tw
發　　　行／	英屬蓋曼群島商家庭傳媒股份有限公司城邦分公司
	台北市中山區民生東路二段141號2樓
	書虫客服務專線：02-25007718；25007719
	服務時間：週一至週五上午09:30-12:00；下午13:30-17:00
	24小時傳真專線：02-25001990；25001991
	劃撥帳號：19863813；戶名：書虫股份有限公司
	讀者服務信箱：service@readingclub.com.tw
	城邦讀書花園 www.cite.com.tw
香港發行所／	城邦（香港）出版集團
	香港灣仔駱克道193號東超商業中心1F E-mail：hkcite@biznetvigator.com
	電話：(852) 25086231　傳真：(852) 25789337
馬新發行所／	城邦（馬新）出版集團【Cite (M) Sdn Bhd】
	41, Jalan Radin Anum, Bandar Baru Sri Petaling, 57000 Kuala Lumpur, Malaysia.
	電話：(603) 90578822　傳真：(603) 90576622

封 面 設 計／	林曉涵
內 頁 排 版／	林曉涵
印　　　刷／	中原造像股份有限公司
經 銷 商／	聯合發行股份有限公司
	新北市231新店區寶橋路235巷6弄6號2樓　電話：(02) 2917-8022　傳真：(02)2911-0053

■ 2020年12月15日　　　　　　　　　　　　　　　　　Printed in Taiwan
定價380元

城邦讀書花園
www.cite.com.tw

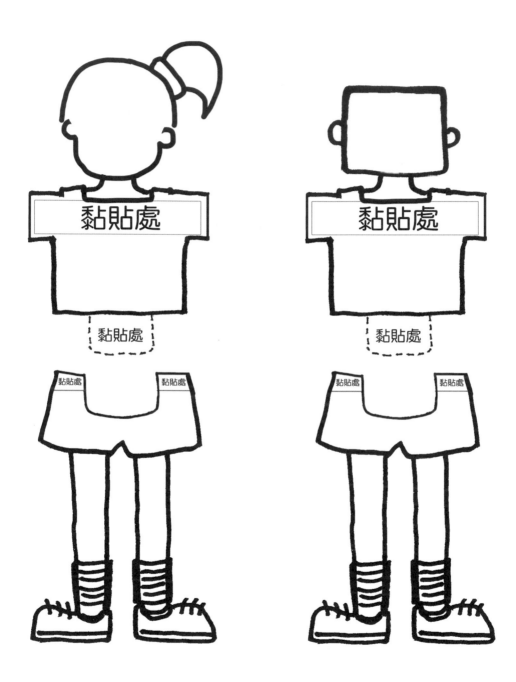

長臂猿伸伸手、風車搖擺偶──正面

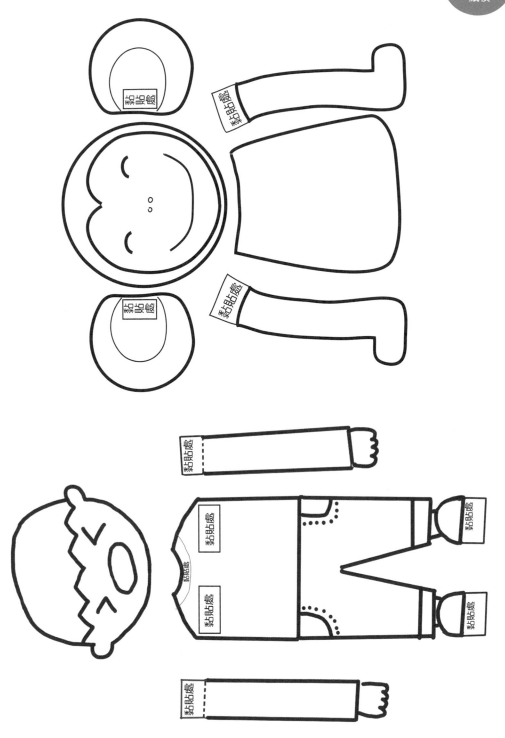

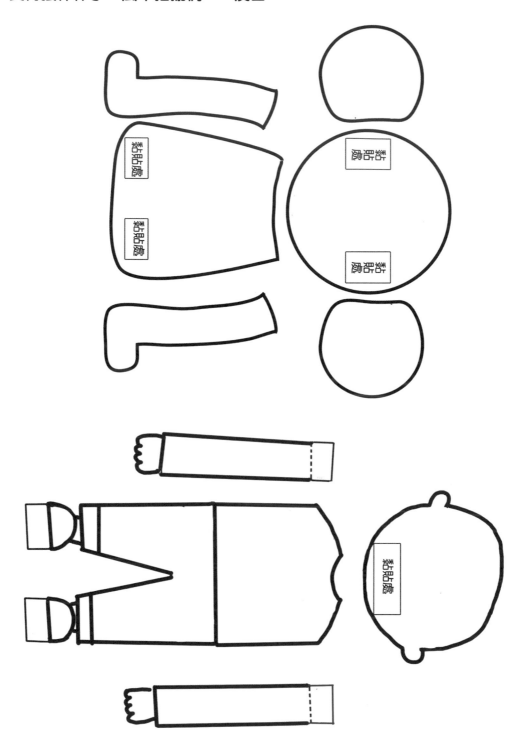

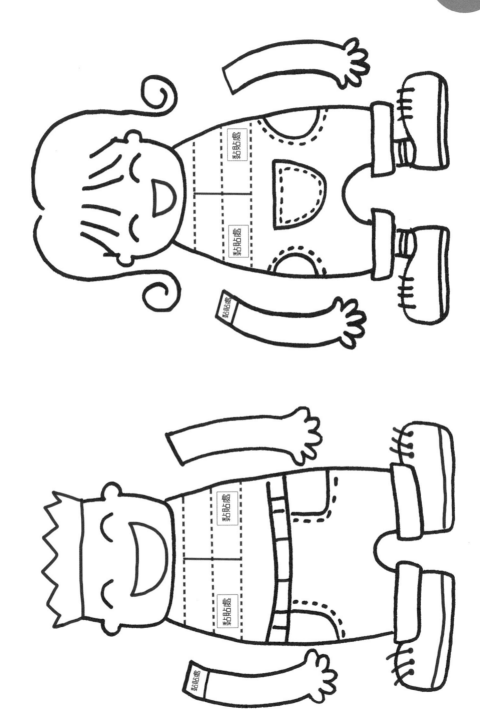

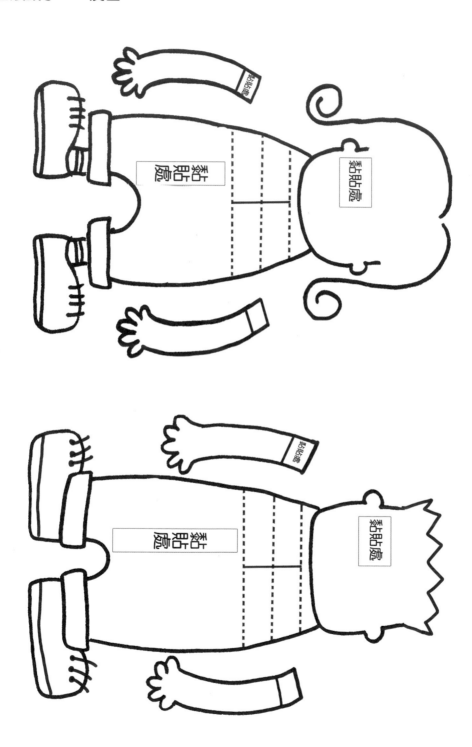

- -

請沿虛線對摺，謝謝！

| 書號：BUE042 　　　書名：科學玩具總動員 　　　　編碼： |

 商周出版

讀者回函卡

感謝您購買我們出版的書籍！請費心填寫此回函卡，我們將不定期寄上城邦集團最新的出版訊息。

不定期好禮相贈！
立即加入：商周出版
Facebook 粉絲團

姓名：＿＿＿＿＿＿＿＿＿＿＿＿＿＿＿＿＿＿＿＿＿ 性別：□男 □女

生日：西元＿＿＿＿ ＿＿＿＿＿年＿＿＿＿＿月＿＿＿＿＿日

地址：＿＿＿＿＿＿＿＿＿＿＿＿＿＿＿＿＿＿＿＿＿＿＿＿＿＿＿

聯絡電話：＿＿＿＿＿＿＿＿＿＿＿ 傳真：＿＿＿＿＿＿＿＿＿＿＿

E-mail：

學歷：□ 1. 小學 □ 2. 國中 □ 3. 高中 □ 4. 大學 □ 5. 研究所以上

職業：□ 1. 學生 □ 2. 軍公教 □ 3. 服務 □ 4. 金融 □ 5. 製造 □ 6. 資訊

　　　□ 7. 傳播 □ 8. 自由業 □ 9. 農漁牧 □ 10. 家管 □ 11. 退休

　　　□ 12. 其他＿＿＿＿＿＿＿＿＿＿＿＿＿＿＿＿＿＿＿＿＿＿＿

您從何種方式得知本書消息？

　　　□ 1. 書店 □ 2. 網路 □ 3. 報紙 □ 4. 雜誌 □ 5. 廣播 □ 6. 電視

　　　□ 7. 親友推薦 □ 8. 其他＿＿＿＿＿＿＿＿＿＿＿＿＿＿＿

您通常以何種方式購書？

　　　□ 1. 書店 □ 2. 網路 □ 3. 傳真訂購 □ 4. 郵局劃撥 □ 5. 其他＿＿＿＿

您喜歡閱讀那些類別的書籍？

　　　□ 1. 財經商業 □ 2. 自然科學 □ 3. 歷史 □ 4. 法律 □ 5. 文學

　　　□ 6. 休閒旅遊 □ 7. 小說 □ 8. 人物傳記 □ 9. 生活、勵志 □ 10. 其他

對我們的建議：＿＿＿＿＿＿＿＿＿＿＿＿＿＿＿＿＿＿＿＿＿＿＿

＿＿＿＿＿＿＿＿＿＿＿＿＿＿＿＿＿＿＿＿＿＿＿＿＿＿＿＿＿＿＿

＿＿＿＿＿＿＿＿＿＿＿＿＿＿＿＿＿＿＿＿＿＿＿＿＿＿＿＿＿＿＿